Addition Math practice Workbook

ISBN-13: 978-1985280908

ISBN-10: 1985280906

Name: _____

Basic Addition

10 + 7	7 + 2	10 + 1	5 + 3	3 + 4
8 + 5	1 + 5	4 + 3	6 + 4	9 + 9
7 + 9	3 + 1	2 + 6	6 + 5	5 + 7
10 + 6	9 + 4	1 + 7	8 + 10	7 + 1
4 + 2	3 + 3	7 + 6	1 + 3	7 + 5

Time: _____ minutes   **Score:** _____ out of 25

Basic Addition

| 3 | 3 | 3 | 10 | 2 |
| + 9 | + 6 | + 5 | + 2 | + 6 |

| 3 | 2 | 3 | 2 | 5 |
| + 7 | + 2 | + 4 | + 9 | + 3 |

| 4 | 1 | 7 | 10 | 8 |
| + 6 | + 1 | + 4 | + 5 | + 2 |

| 9 | 7 | 1 | 8 | 1 |
| + 8 | + 6 | + 7 | + 9 | + 2 |

| 9 | 1 | 6 | 5 | 2 |
| + 3 | + 4 | + 3 | + 8 | + 5 |

Time: _____ minutes   **Score:** _____ out of 25

Name: _____

Basic Addition

```
   4        8        5        2        3
 + 7      + 2      + 9      + 8      + 6
 ---      ---      ---      ---      ---


  10        8        2        3        5
 + 6      + 6      +10      + 4      + 3
 ---      ---      ---      ---      ---


   5        7        3        8       10
 + 7      + 4      +10      + 3      + 4
 ---      ---      ---      ---      ---


  10        9        8        9        7
 + 9      + 5      +10      + 2      + 3
 ---      ---      ---      ---      ---


  10        4        2        6        9
 + 2      + 4      + 9      + 2      + 8
 ---      ---      ---      ---      ---
```

Time: _____ minutes   **Score:** _____ out of 25

Name: _____

Basic Addition

```
   3        6        5        7        8
 + 7      + 2      + 5      + 9      + 4
 ___      ___      ___      ___      ___


   8        4        5        4        9
 +10      + 7      + 3      + 6      + 4
 ___      ___      ___      ___      ___


  10        5        7        6        2
 + 3      + 9      + 7      + 8      + 3
 ___      ___      ___      ___      ___


  10        3        4       10        7
 + 2      + 2      + 9      + 8      + 8
 ___      ___      ___      ___      ___


  10        5        4        5       10
 +10      + 4      + 5      + 7      + 9
 ___      ___      ___      ___      ___
```

Time: _____ minutes   **Score:** _____ out of 25

Name: _____

Basic Addition

   6   1   1   9   10
+ 10   + 2   + 5   + 6   + 2

   5   1   8   8   6
+ 5   + 3   + 4   + 7   + 3

   10   9   4   4   8
+ 6   + 2   + 1   + 9   + 9

   3   2   6   5   7
+ 4   + 4   + 2   + 7   + 7

   2   7   4   4   2
+ 5   + 9   + 5   + 7   + 6

Time: _____ minutes   **Score:** _____ out of 25

Name: _____

Basic Addition

8	6	4	10	1
+ 2	+ 2	+ 7	+ 5	+ 7

1	2	10	1	2
+ 5	+ 9	+ 9	+ 9	+ 2

8	2	2	7	6
+ 9	+ 8	+ 7	+ 5	+ 4

1	5	9	3	5
+ 4	+ 6	+ 10	+ 6	+ 8

10	7	9	2	3
+ 6	+ 4	+ 3	+ 1	+ 3

Time: _____ minutes   **Score:** _____ out of 25

Basic Addition

1 + 6	6 + 7	1 + 8	2 + 8	8 + 1
6 + 2	7 + 10	3 + 6	9 + 4	3 + 1
8 + 2	9 + 9	4 + 9	3 + 9	10 + 10
3 + 2	5 + 10	2 + 10	5 + 9	8 + 7
3 + 10	4 + 3	5 + 2	4 + 2	6 + 10

Time: _____ minutes   **Score:** _____ out of 25

Name: _____

Basic Addition

```
  2        6       10        5        7
+ 9      + 7      + 1      + 8      + 8
___      ___      ___      ___      ___


  3        2       10        6        2
+ 9      + 6      + 6      + 1      + 10
___      ___      ___      ___      ___


  8        8        3       10        7
+ 6      + 3      + 3      + 10     + 1
___      ___      ___      ___      ___


  5        4        6        7        7
+ 4      + 2      + 3      + 3      + 9
___      ___      ___      ___      ___


  3        8        1       10        9
+ 2      + 10     + 2      + 3      + 3
___      ___      ___      ___      ___
```

Time: _____ minutes   **Score:** _____ out of 25

Name: _____

Basic Addition

   8   7   6   9   10
+ 3   + 6   + 3   + 1   + 7

   1   2   2   7   1
+ 3   + 9   + 8   + 2   + 9

   1   1   10   10   8
+ 4   + 2   + 6   + 2   + 8

   1   7   10   5   7
+ 6   + 1   + 4   + 6   + 3

   3   8   1   6   10
+ 5   + 5   + 10   + 4   + 9

Time: _____ minutes   **Score:** _____ out of 25

Name: _____

Basic Addition

5 + 8	3 + 8	10 + 5	3 + 5	7 + 4
8 + 2	2 + 9	1 + 10	3 + 7	7 + 1
10 + 9	4 + 7	6 + 7	4 + 9	2 + 5
9 + 4	6 + 10	4 + 4	5 + 9	1 + 4
10 + 2	9 + 3	10 + 4	6 + 2	8 + 6

Time: _____ minutes   **Score:** _____ out of 25

Name: _____

Basic Addition

$$\begin{array}{r}7\\+\ 9\\\hline\end{array}\qquad\begin{array}{r}4\\+\ 9\\\hline\end{array}\qquad\begin{array}{r}4\\+\ 4\\\hline\end{array}\qquad\begin{array}{r}5\\+\ 7\\\hline\end{array}\qquad\begin{array}{r}5\\+\ 2\\\hline\end{array}$$

$$\begin{array}{r}2\\+\ 1\\\hline\end{array}\qquad\begin{array}{r}10\\+\ 1\\\hline\end{array}\qquad\begin{array}{r}2\\+\ 8\\\hline\end{array}\qquad\begin{array}{r}10\\+\ 7\\\hline\end{array}\qquad\begin{array}{r}5\\+\ 4\\\hline\end{array}$$

$$\begin{array}{r}1\\+\ 7\\\hline\end{array}\qquad\begin{array}{r}4\\+\ 8\\\hline\end{array}\qquad\begin{array}{r}7\\+\ 5\\\hline\end{array}\qquad\begin{array}{r}2\\+\ 7\\\hline\end{array}\qquad\begin{array}{r}6\\+\ 5\\\hline\end{array}$$

$$\begin{array}{r}4\\+\ 3\\\hline\end{array}\qquad\begin{array}{r}6\\+\ 8\\\hline\end{array}\qquad\begin{array}{r}10\\+\ 10\\\hline\end{array}\qquad\begin{array}{r}10\\+\ 6\\\hline\end{array}\qquad\begin{array}{r}5\\+\ 3\\\hline\end{array}$$

$$\begin{array}{r}5\\+\ 1\\\hline\end{array}\qquad\begin{array}{r}8\\+\ 6\\\hline\end{array}\qquad\begin{array}{r}3\\+\ 5\\\hline\end{array}\qquad\begin{array}{r}7\\+\ 10\\\hline\end{array}\qquad\begin{array}{r}2\\+\ 3\\\hline\end{array}$$

Time: _____ minutes   **Score:** _____ out of 25

Name: _____

Basic Addition

5 + 6	10 + 6	9 + 10	2 + 1	6 + 4
2 + 2	3 + 2	5 + 2	9 + 5	3 + 5
3 + 6	7 + 3	2 + 9	6 + 10	10 + 9
1 + 9	2 + 8	6 + 2	9 + 7	3 + 4
10 + 2	2 + 7	10 + 4	4 + 1	5 + 1

Time: _____ minutes   **Score:** _____ out of 25

Name: _____

Basic Addition

```
  10        2        7        7        6
 + 4      + 1     + 10      + 3      + 9
 ----     ----    -----     ----     ----


   6        1        4        9        1
 + 4      + 1      + 3      + 4      + 5
 ----     ----     ----     ----     ----


   2        8       10        5        9
 + 9      + 1      + 9      + 2      + 2
 ----     ----     ----     ----     ----


   2        6        7        6       10
 + 7      + 2      + 8      + 6      + 6
 ----     ----     ----     ----     ----


   2        9       10        3        8
 + 2      + 7     + 10      + 2      + 3
 ----     ----    -----     ----     ----
```

Time: _____ minutes   **Score:** _____ out of 25

Name: _____

Basic Addition

$\begin{array}{r}8\\+\ 3\\\hline\end{array}$ $\quad$ $\begin{array}{r}9\\+\ 8\\\hline\end{array}$ $\quad$ $\begin{array}{r}4\\+\ 3\\\hline\end{array}$ $\quad$ $\begin{array}{r}3\\+\ 10\\\hline\end{array}$ $\quad$ $\begin{array}{r}8\\+\ 9\\\hline\end{array}$

$\begin{array}{r}8\\+\ 8\\\hline\end{array}$ $\quad$ $\begin{array}{r}3\\+\ 9\\\hline\end{array}$ $\quad$ $\begin{array}{r}7\\+\ 7\\\hline\end{array}$ $\quad$ $\begin{array}{r}3\\+\ 6\\\hline\end{array}$ $\quad$ $\begin{array}{r}8\\+\ 5\\\hline\end{array}$

$\begin{array}{r}6\\+\ 3\\\hline\end{array}$ $\quad$ $\begin{array}{r}9\\+\ 4\\\hline\end{array}$ $\quad$ $\begin{array}{r}3\\+\ 2\\\hline\end{array}$ $\quad$ $\begin{array}{r}5\\+\ 10\\\hline\end{array}$ $\quad$ $\begin{array}{r}5\\+\ 5\\\hline\end{array}$

$\begin{array}{r}9\\+\ 10\\\hline\end{array}$ $\quad$ $\begin{array}{r}7\\+\ 9\\\hline\end{array}$ $\quad$ $\begin{array}{r}6\\+\ 10\\\hline\end{array}$ $\quad$ $\begin{array}{r}4\\+\ 9\\\hline\end{array}$ $\quad$ $\begin{array}{r}5\\+\ 7\\\hline\end{array}$

$\begin{array}{r}9\\+\ 6\\\hline\end{array}$ $\quad$ $\begin{array}{r}3\\+\ 5\\\hline\end{array}$ $\quad$ $\begin{array}{r}7\\+\ 10\\\hline\end{array}$ $\quad$ $\begin{array}{r}5\\+\ 4\\\hline\end{array}$ $\quad$ $\begin{array}{r}8\\+\ 7\\\hline\end{array}$

Time: _____ minutes   **Score:** _____ out of 25

Name: _____

Basic Addition

```
  6        5        6        8        2
+ 4      + 7      + 6      + 1      + 5
———      ———      ———      ———      ———


  5        4        9        6        6
+ 2      + 2      + 5      + 8      + 3
———      ———      ———      ———      ———


  9        9        9        5        2
+ 6      + 3      + 4      + 5      + 7
———      ———      ———      ———      ———


  7        3        8        8        4
+ 7      + 2      + 4      + 8      + 1
———      ———      ———      ———      ———


  4        7        7        8        9
+ 6      + 8      + 2      + 5      + 2
———      ———      ———      ———      ———
```

Time: _____ minutes   **Score:** _____ out of 25

Name: _____

Basic Addition

```
  1        1        4        2        1
+ 6      + 1      + 9      + 1      + 9
___      ___      ___      ___      ___

  4        2        5        6        3
+ 4      + 2      + 5      + 4      + 1
___      ___      ___      ___      ___

  3        3        3        3        5
+ 4      + 8      + 6      + 3      + 2
___      ___      ___      ___      ___

  4        7        1        2        5
+ 3      + 9      + 2      + 7      + 0
___      ___      ___      ___      ___

  6        2        5        1        2
+ 6      + 10     + 6      + 5      + 8
___      ___      ___      ___      ___
```

Time: _____ minutes   **Score:** _____ out of 25

Name: _____

Basic Addition

2 + 4	8 + 7	1 + 2	7 + 3	9 + 7
10 + 2	4 + 4	10 + 5	8 + 2	4 + 6
6 + 8	1 + 7	8 + 3	4 + 8	1 + 8
5 + 3	5 + 7	10 + 3	10 + 4	1 + 3
7 + 8	4 + 7	3 + 3	9 + 4	2 + 3

Time: _____ minutes   **Score:** _____ out of 25

Basic Addition

```
  10        3        8        5        5
+  5     + 10      + 7      + 3      + 6


   5        2        2        7        2
 + 2      + 6      + 2      + 3      + 7


   2        3       10        6        6
 + 5      + 3      + 9      + 3      + 2


  10        8        7        5        8
 + 7      + 2      + 4      + 10     + 4


   2        3        8        7        7
 + 10     + 2      + 8      + 9      + 6
```

Time: _____ minutes   **Score:** _____ out of 25

Name: _____

Basic Addition

$\begin{array}{r}2\\+\ 7\\\hline\end{array}$ $\begin{array}{r}5\\+\ 10\\\hline\end{array}$ $\begin{array}{r}7\\+\ 9\\\hline\end{array}$ $\begin{array}{r}4\\+\ 2\\\hline\end{array}$ $\begin{array}{r}2\\+\ 6\\\hline\end{array}$

$\begin{array}{r}2\\+\ 3\\\hline\end{array}$ $\begin{array}{r}6\\+\ 2\\\hline\end{array}$ $\begin{array}{r}7\\+\ 10\\\hline\end{array}$ $\begin{array}{r}6\\+\ 7\\\hline\end{array}$ $\begin{array}{r}7\\+\ 7\\\hline\end{array}$

$\begin{array}{r}6\\+\ 3\\\hline\end{array}$ $\begin{array}{r}7\\+\ 6\\\hline\end{array}$ $\begin{array}{r}2\\+\ 4\\\hline\end{array}$ $\begin{array}{r}2\\+\ 10\\\hline\end{array}$ $\begin{array}{r}4\\+\ 6\\\hline\end{array}$

$\begin{array}{r}7\\+\ 3\\\hline\end{array}$ $\begin{array}{r}6\\+\ 9\\\hline\end{array}$ $\begin{array}{r}4\\+\ 3\\\hline\end{array}$ $\begin{array}{r}6\\+\ 6\\\hline\end{array}$ $\begin{array}{r}4\\+\ 10\\\hline\end{array}$

$\begin{array}{r}5\\+\ 6\\\hline\end{array}$ $\begin{array}{r}2\\+\ 8\\\hline\end{array}$ $\begin{array}{r}8\\+\ 9\\\hline\end{array}$ $\begin{array}{r}2\\+\ 2\\\hline\end{array}$ $\begin{array}{r}4\\+\ 7\\\hline\end{array}$

Time: _____ minutes   **Score:** _____ out of 25

Name: _____

Basic Addition

9	10	9	3	10
+ 10	+ 6	+ 9	+ 9	+ 7

4	9	5	5	10
+ 5	+ 8	+ 8	+ 5	+ 8

7	10	8	7	4
+ 5	+ 10	+ 8	+ 10	+ 9

3	7	3	4	9
+ 7	+ 6	+ 8	+ 10	+ 6

5	8	7	6	3
+ 7	+ 6	+ 7	+ 9	+ 5

Time: _____ minutes   **Score:** _____ out of 25

Name: _____

Basic Addition

```
  11        9        9       11        9
+  5      + 3      + 8     +  7      + 7
----     ----     ----     ----     ----


  10       11        9       12        9
+  9      + 9     + 10      + 5      + 2
----     ----     ----     ----     ----


  12       10       10       10       11
+  7      + 3      + 6      + 5      + 6
----     ----     ----     ----     ----


  12       10       10       12       12
+ 10      + 7      + 8      + 2      + 4
----     ----     ----     ----     ----


  10       10        9        9        9
+  4      + 2      + 9      + 5      + 4
----     ----     ----     ----     ----
```

Time: _____ minutes   **Score:** _____ out of 25

Name: _____

Basic Addition

12	11	11	9	10
+ 9	+ 2	+ 6	+ 0	+ 5

9	10	9	10	11
+ 10	+ 7	+ 5	+ 6	+ 0

11	11	12	9	11
+ 9	+ 1	+ 10	+ 7	+ 4

11	9	12	12	12
+ 11	+ 11	+ 11	+ 1	+ 7

11	12	11	9	12
+ 7	+ 2	+ 10	+ 1	+ 6

Time: _____ minutes   **Score:** _____ out of 25

Basic Addition

6	5	9	5	4
+ 11	+ 6	+ 10	+ 8	+ 8

6	9	7	9	11
+ 5	+ 6	+ 5	+ 3	+ 11

10	12	7	11	9
+ 5	+ 7	+ 7	+ 8	+ 11

10	5	12	7	4
+ 3	+ 3	+ 3	+ 11	+ 6

8	11	6	10	12
+ 9	+ 3	+ 4	+ 9	+ 10

Time: _____ minutes **Score:** _____ out of 25

Name: _____

Basic Addition

```
   6        8        3        2        6
+ 11     + 10      + 4      + 8      + 3
____     ____     ____     ____     ____


   5        7        7        7        1
+ 10     + 12     + 10      + 7      + 3
____     ____     ____     ____     ____


   5        3        2        1        3
+  5     +  5     + 10      + 5      + 3
____     ____     ____     ____     ____


   5        4        8        1        8
+ 11     +  6     + 11     + 12     + 7
____     ____     ____     ____     ____


   4        2        3        8        7
+  4     + 12     +  8     +  8     + 4
____     ____     ____     ____     ____
```

Time: _____ minutes   **Score:** _____ out of 25

Name: _____

Basic Addition

```
   7        2       12        9        7
+ 12      + 8      + 3      + 2      + 4
————     ————    ————     ————    ————


  10       10        2        9       12
+  6      + 7      + 7      + 8      + 12
————     ————    ————     ————    ————


   5        3        5        5       11
+  8      + 7      + 7      + 11     + 3
————     ————    ————     ————    ————


   8        5        3       12        2
+  8      + 5      + 8      + 9      + 5
————     ————    ————     ————    ————


   8        5        8        7        3
+ 12      + 12     + 4      + 3      + 11
————     ————    ————     ————    ————
```

Time: _____ minutes   **Score:** _____ out of 25

Name: _____

Basic Addition

```
  9        1        2        8        1
+ 9      + 10     + 11     + 4      + 8
___      ____     ____     ___      ___


  0        9        5        3        0
+ 9      + 8      + 7      + 10     + 11
___      ___      ___      ____     ____


  6        8        5        5        3
+ 8      + 6      + 10     + 9      + 9
___      ___      ____     ___      ___


  7        6        4        0        7
+ 10     + 4      + 12     + 4      + 11
____     ___      ____     ___      ____


  6       10        2       10        9
+ 7      + 12     + 5      + 4      + 6
___      ____     ___      ___      ___
```

Time: _____ minutes   **Score:** _____ out of 25

Basic Addition

4 + 4	6 + 4	10 + 7	9 + 8	10 + 6
6 + 0	8 + 4	6 + 1	7 + 7	7 + 4
5 + 7	4 + 2	4 + 3	9 + 7	4 + 1
10 + 2	6 + 10	6 + 8	8 + 7	4 + 10
10 + 8	4 + 8	9 + 1	9 + 10	8 + 3

Time: _____ minutes   **Score:** _____ out of 25

Name: _____

Basic Addition

```
  11        3       10        8        6
+ 10      + 10     + 3      + 8      + 3


  11        5        8        3        7
+  5      + 8      + 2      + 2      + 4


   7        2        6        6        5
+  8      + 3      + 4      + 8      + 10


   2        2        3        8       10
+  7      + 10     + 9      + 9      + 10


   2        3        2       11        5
+ 11      + 3      + 6      + 3      + 3
```

Time: _____ minutes   **Score:** _____ out of 25

Name: _____

Basic Addition

   1   7   5   1   1
+ 8   + 10   + 9   + 5   + 9

   4   2   5   5   3
+ 3   + 10   + 8   + 6   + 6

   2   4   6   6   0
+ 3   + 9   + 10   + 7   + 6

   5   7   4   7   7
+ 7   + 3   + 2   + 5   + 6

   3   2   7   0   6
+ 5   + 4   + 2   + 7   + 6

Time: _____ minutes   **Score:** _____ out of 25

Name: _____

Basic Addition

   4   8   9   4   6
+ 10   + 7   + 11   + 5   + 12

   2   8   5   8   7
+ 12   + 11   + 9   + 10   + 5

   9   8   3   8   5
+ 3   + 4   + 4   + 12   + 8

   1   8   1   7   0
+ 12   + 5   + 3   + 11   + 8

   9   1   1   4   2
+ 6   + 9   + 10   + 12   + 5

Time: _____ minutes   **Score:** _____ out of 25

Name: _____

Basic Addition

11 + 2	7 + 2	6 + 5	6 + 1	9 + 3
9 + 4	9 + 7	8 + 8	5 + 3	12 + 8
12 + 6	7 + 5	5 + 4	9 + 8	11 + 1
9 + 5	9 + 1	8 + 6	9 + 2	11 + 4
11 + 5	12 + 0	6 + 2	5 + 5	8 + 2

Time: _____ minutes   **Score:** _____ out of 25

Name: _____

Basic Addition

```
   5        8        5        7        4
 + 8     + 10     + 12     + 12     + 11
 ---     ----     ----     ----     ----

   8        2        7        2        2
 + 5     + 8      + 7     + 10      + 9
 ---     ---      ---     ----     ----

   4        7        6        2        3
 + 9     + 3      + 5      + 3     + 10
 ---     ---      ---      ---     ----

   8        7        5        8        2
 + 6     + 8     + 11      + 8      + 5
 ---     ---     ----      ---      ---

   7        3        6        4        4
 + 9     + 5      + 3      + 4     + 10
 ---     ---      ---      ---     ----
```

Time: _____ minutes   **Score:** _____ out of 25

Basic Addition

$\begin{array}{r}4\\+8\\\hline\end{array}$ $\begin{array}{r}5\\+6\\\hline\end{array}$ $\begin{array}{r}9\\+9\\\hline\end{array}$ $\begin{array}{r}10\\+4\\\hline\end{array}$ $\begin{array}{r}10\\+5\\\hline\end{array}$

$\begin{array}{r}8\\+9\\\hline\end{array}$ $\begin{array}{r}7\\+3\\\hline\end{array}$ $\begin{array}{r}11\\+8\\\hline\end{array}$ $\begin{array}{r}9\\+3\\\hline\end{array}$ $\begin{array}{r}3\\+8\\\hline\end{array}$

$\begin{array}{r}4\\+5\\\hline\end{array}$ $\begin{array}{r}3\\+4\\\hline\end{array}$ $\begin{array}{r}9\\+2\\\hline\end{array}$ $\begin{array}{r}4\\+9\\\hline\end{array}$ $\begin{array}{r}6\\+4\\\hline\end{array}$

$\begin{array}{r}6\\+9\\\hline\end{array}$ $\begin{array}{r}6\\+6\\\hline\end{array}$ $\begin{array}{r}4\\+2\\\hline\end{array}$ $\begin{array}{r}10\\+8\\\hline\end{array}$ $\begin{array}{r}7\\+6\\\hline\end{array}$

$\begin{array}{r}9\\+7\\\hline\end{array}$ $\begin{array}{r}8\\+7\\\hline\end{array}$ $\begin{array}{r}8\\+3\\\hline\end{array}$ $\begin{array}{r}3\\+2\\\hline\end{array}$ $\begin{array}{r}9\\+5\\\hline\end{array}$

Time: _____ minutes   **Score:** _____ out of 25

Name: _____

Basic Addition

```
   8        4        9        5        8
 + 5      + 0      + 1      + 5      + 7
 ———      ———      ———      ———      ———


   9       10        5        8       10
 +10      +10      + 0      + 8      + 6
 ———      ———      ———      ———      ———


   4        5        9        7        7
 + 1      + 2      + 9      + 6      + 7
 ———      ———      ———      ———      ———


   4        8        4        9        8
 + 4      +10      +10      + 8      + 4
 ———      ———      ———      ———      ———


   6        4       10        9        5
 + 2      + 5      + 2      + 2      + 8
 ———      ———      ———      ———      ———
```

Time: _____ minutes   **Score:** _____ out of 25

Basic Addition

3 + 1	9 + 3	3 + 6	4 + 4	5 + 4
5 + 1	9 + 1	3 + 5	5 + 7	3 + 4
9 + 8	8 + 8	2 + 7	3 + 7	4 + 8
10 + 4	2 + 1	9 + 7	7 + 3	8 + 6
8 + 7	4 + 7	2 + 2	10 + 8	7 + 6

Time: _____ minutes   **Score:** _____ out of 25

Name: _____

Basic Addition

```
   3        8        4        4        2
 + 6     + 12     + 10     + 5      + 12
 ---     ----     ----     ---      ----


   6        7        8        2        3
 + 4      + 6     + 10     + 10      + 5
 ---      ---     ----     ----      ---


   3        2        4        7        2
 + 4      + 8      + 9     + 10     + 11
 ---      ---      ---     ----     ----


   6        7        2        6        5
 + 11     + 12     + 6      + 7     + 12
 ----     ----     ---      ---     ----


   6        7        4        3        5
 + 8      + 4     + 11      + 8      + 4
 ---      ---     ----      ---      ---
```

Time: _____ minutes   **Score:** _____ out of 25

Basic Addition

   9   12   7   4   3
+ 2   + 12   + 4   + 12   + 5

 12   9   9   10   3
+ 3   + 8   + 11   + 12   + 9

   6   12   5   2   3
+ 9   + 9   + 4   + 8   + 3

   8   5   10   6   9
+ 10   + 6   + 6   + 10   + 7

 11   9   12   2   10
+ 6   + 12   + 2   + 12   + 2

Time: _____ minutes   **Score:** _____ out of 25

Name: _____

Basic Addition

```
   7        2        4        4        1
+ 11      + 6      + 9      + 0      + 5
----     ----     ----     ----     ----


   5        5        4       10        0
+  0      + 6      + 10     + 11     + 4
----     ----     ----     ----     ----


   6       10        6        5        9
+ 11      + 4      + 8      + 4      + 1
----     ----     ----     ----     ----


   7        3        0        7        0
+  3      + 8      + 11     + 12     + 5
----     ----     ----     ----     ----


   7        9        1       10        9
+  5      + 4      + 12     + 0      + 0
----     ----     ----     ----     ----
```

Time: _____ minutes   **Score:** _____ out of 25

Name: _____

Basic Addition

```
  12      10      10       5       4
+  2    + 12    +  5     + 7     + 4


   5      11       3       5       9
+  3    +  4    +  3     + 5     + 5


  12       9      10       5       7
+ 12    + 11    +  4     + 6     + 2


  12       9       5       4      11
+  3    +  4    +  4     + 5     + 8


  10       2      10      12       2
+ 10    +  3    +  8     + 9     + 7
```

Time: _____ minutes   **Score:** _____ out of 25

Name: _____

Basic Addition

9	7	5	2	5
+ 3	+ 10	+ 9	+ 4	+ 10

3	8	8	4	7
+ 3	+ 3	+ 9	+ 8	+ 4

10	5	10	7	10
+ 4	+ 5	+ 7	+ 2	+ 9

7	10	6	3	6
+ 3	+ 3	+ 6	+ 6	+ 5

6	2	3	4	3
+ 10	+ 3	+ 4	+ 9	+ 5

Time: _____ minutes   **Score:** _____ out of 25

Name: _____

Basic Addition

$$\begin{array}{r}9\\+\;5\\\hline\end{array}\qquad\begin{array}{r}3\\+\;10\\\hline\end{array}\qquad\begin{array}{r}7\\+\;6\\\hline\end{array}\qquad\begin{array}{r}1\\+\;3\\\hline\end{array}\qquad\begin{array}{r}7\\+\;2\\\hline\end{array}$$

$$\begin{array}{r}10\\+\;6\\\hline\end{array}\qquad\begin{array}{r}5\\+\;4\\\hline\end{array}\qquad\begin{array}{r}7\\+\;4\\\hline\end{array}\qquad\begin{array}{r}6\\+\;4\\\hline\end{array}\qquad\begin{array}{r}2\\+\;10\\\hline\end{array}$$

$$\begin{array}{r}3\\+\;5\\\hline\end{array}\qquad\begin{array}{r}1\\+\;7\\\hline\end{array}\qquad\begin{array}{r}5\\+\;9\\\hline\end{array}\qquad\begin{array}{r}7\\+\;5\\\hline\end{array}\qquad\begin{array}{r}9\\+\;8\\\hline\end{array}$$

$$\begin{array}{r}4\\+\;9\\\hline\end{array}\qquad\begin{array}{r}2\\+\;1\\\hline\end{array}\qquad\begin{array}{r}1\\+\;11\\\hline\end{array}\qquad\begin{array}{r}5\\+\;1\\\hline\end{array}\qquad\begin{array}{r}8\\+\;8\\\hline\end{array}$$

$$\begin{array}{r}4\\+\;11\\\hline\end{array}\qquad\begin{array}{r}10\\+\;9\\\hline\end{array}\qquad\begin{array}{r}10\\+\;7\\\hline\end{array}\qquad\begin{array}{r}3\\+\;11\\\hline\end{array}\qquad\begin{array}{r}8\\+\;11\\\hline\end{array}$$

Time: _____ minutes   **Score:** _____ out of 25

Name: _____

Basic Addition

```
   7         9         6         5         4
 + 5      + 11       + 8       + 7       + 3
 ---      ----      ----      ----      ----


   5         8        11         2         2
 + 9      + 12      + 11       + 2      + 10
 ---      ----      ----      ----      ----


  12         3         8        12         5
 + 4       + 4       + 5       + 5      + 11
 ---      ----      ----      ----      ----


   3        10         2         7         4
 + 6       + 6       + 6       + 8      + 10
 ---      ----      ----      ----      ----


  11         9         6         8         8
 + 9      + 12      + 10       + 8       + 9
 ---      ----      ----      ----      ----
```

Time: _____ minutes   **Score:** _____ out of 25

Name: _____

Basic Addition

```
   9        11         3         2        12
 + 9       + 3       + 6       + 5       + 9
 ---       ---       ---       ---       ---

  12         8        12         8         8
 + 2       + 8       + 7       + 5       + 2
 ---       ---       ---       ---       ---

   5         8         5        12        11
 + 7       + 9       + 2       + 10      + 8
 ---       ---       ---       ---       ---

   4         2        10        10        10
 + 9       + 8       + 8       + 5       + 9
 ---       ---       ---       ---       ---

  12        11         9         7        10
 + 4       + 4       + 2       + 7       + 10
 ---       ---       ---       ---       ---
```

Time: _____ minutes   **Score:** _____ out of 25

Name: _____

Basic Addition

```
  11        6        6        4        4
+  8     + 12      + 2      + 2      + 7
----     ----     ----     ----     ----

   7        8       10        4        9
+  9     + 11      + 2      + 9     + 12
----     ----     ----     ----     ----

   8        9       10        7       10
+  3     +  7     + 10      + 7      + 6
----     ----     ----     ----     ----

   3       11        5       10        5
+  6     + 12     + 10     + 12      + 5
----     ----     ----     ----     ----

   3        8       11        9        9
+  9     +  1     + 10     + 11      + 9
----     ----     ----     ----     ----
```

Time: _____ minutes   **Score:** _____ out of 25

Name: _____

Basic Addition

$\begin{array}{r}7\\+\ 5\\\hline\end{array}$ $\quad$ $\begin{array}{r}3\\+\ 11\\\hline\end{array}$ $\quad$ $\begin{array}{r}9\\+\ 7\\\hline\end{array}$ $\quad$ $\begin{array}{r}3\\+\ 10\\\hline\end{array}$ $\quad$ $\begin{array}{r}9\\+\ 9\\\hline\end{array}$

$\begin{array}{r}9\\+\ 11\\\hline\end{array}$ $\quad$ $\begin{array}{r}2\\+\ 4\\\hline\end{array}$ $\quad$ $\begin{array}{r}6\\+\ 7\\\hline\end{array}$ $\quad$ $\begin{array}{r}5\\+\ 6\\\hline\end{array}$ $\quad$ $\begin{array}{r}6\\+\ 4\\\hline\end{array}$

$\begin{array}{r}4\\+\ 3\\\hline\end{array}$ $\quad$ $\begin{array}{r}3\\+\ 4\\\hline\end{array}$ $\quad$ $\begin{array}{r}8\\+\ 10\\\hline\end{array}$ $\quad$ $\begin{array}{r}7\\+\ 9\\\hline\end{array}$ $\quad$ $\begin{array}{r}2\\+\ 2\\\hline\end{array}$

$\begin{array}{r}1\\+\ 4\\\hline\end{array}$ $\quad$ $\begin{array}{r}5\\+\ 10\\\hline\end{array}$ $\quad$ $\begin{array}{r}4\\+\ 12\\\hline\end{array}$ $\quad$ $\begin{array}{r}4\\+\ 2\\\hline\end{array}$ $\quad$ $\begin{array}{r}5\\+\ 8\\\hline\end{array}$

$\begin{array}{r}6\\+\ 9\\\hline\end{array}$ $\quad$ $\begin{array}{r}5\\+\ 7\\\hline\end{array}$ $\quad$ $\begin{array}{r}3\\+\ 6\\\hline\end{array}$ $\quad$ $\begin{array}{r}5\\+\ 3\\\hline\end{array}$ $\quad$ $\begin{array}{r}9\\+\ 8\\\hline\end{array}$

Time: _____ minutes   **Score:** _____ out of 25

Name: _____

Basic Addition

```
   8        2        6        9        7
+ 11     + 11      + 9     + 10      + 4
----     ----     ----     ----     ----


   3        9        9        8        6
 + 8      + 6      + 7     + 10      + 8
----     ----     ----     ----     ----


   5        7        6        6        2
 + 6      + 3      + 6     + 10      + 5
----     ----     ----     ----     ----


   2        2        4        9        8
 + 8      + 7      + 9      + 5      + 5
----     ----     ----     ----     ----


   5        7        5        5        9
 + 4      + 5      + 9      + 8      + 9
----     ----     ----     ----     ----
```

Time: _____ minutes   **Score:** _____ out of 25

Name: _____

Basic Addition

```
  12        6       12        9        4
+  8      + 8     +  6     + 10      + 2
----      ---     ----     ----      ---

  12       10        6        6       10
+  7      + 7      + 5      + 3      + 1
----      ---      ---      ---      ---

   5        9        4        5        7
+  8      + 7      + 6      + 5      + 7
---       ---      ---      ---      ---

  11        4       12       10       12
+ 11      + 5      + 9      + 9      + 5
----      ---      ----     ----     ----

   3        9        5        5       11
+  7      + 2      + 10     + 1      + 9
---       ---      ----     ---      ---
```

Time: _____ minutes   **Score:** _____ out of 25

Name: _____

Basic Addition

```
   5        8        8        5        7
 + 6      + 3      + 5      + 8      + 8
 ---      ---      ---      ---      ---


   6        7        6        7        7
 + 7      + 2      + 4      + 9      + 6
 ---      ---      ---      ---      ---


   5        9        6        8        9
 + 9      + 7      + 5      + 8      + 4
 ---      ---      ---      ---      ---


   6        7        6        9        9
 + 9      + 3      + 8      + 3      + 6
 ---      ---      ---      ---      ---


   8        8        6        7        5
 + 7      + 9      + 6      + 5      + 2
 ---      ---      ---      ---      ---
```

Time: _____ minutes   **Score:** _____ out of 25

Name: _____

Basic Addition

$$\begin{array}{r}8\\+\ 2\\\hline\end{array}\qquad\begin{array}{r}7\\+\ 12\\\hline\end{array}\qquad\begin{array}{r}12\\+\ 6\\\hline\end{array}\qquad\begin{array}{r}7\\+\ 2\\\hline\end{array}\qquad\begin{array}{r}5\\+\ 3\\\hline\end{array}$$

$$\begin{array}{r}11\\+\ 11\\\hline\end{array}\qquad\begin{array}{r}12\\+\ 2\\\hline\end{array}\qquad\begin{array}{r}7\\+\ 5\\\hline\end{array}\qquad\begin{array}{r}9\\+\ 3\\\hline\end{array}\qquad\begin{array}{r}9\\+\ 8\\\hline\end{array}$$

$$\begin{array}{r}11\\+\ 2\\\hline\end{array}\qquad\begin{array}{r}6\\+\ 6\\\hline\end{array}\qquad\begin{array}{r}7\\+\ 11\\\hline\end{array}\qquad\begin{array}{r}11\\+\ 5\\\hline\end{array}\qquad\begin{array}{r}11\\+\ 7\\\hline\end{array}$$

$$\begin{array}{r}7\\+\ 10\\\hline\end{array}\qquad\begin{array}{r}6\\+\ 5\\\hline\end{array}\qquad\begin{array}{r}9\\+\ 10\\\hline\end{array}\qquad\begin{array}{r}7\\+\ 7\\\hline\end{array}\qquad\begin{array}{r}9\\+\ 6\\\hline\end{array}$$

$$\begin{array}{r}11\\+\ 12\\\hline\end{array}\qquad\begin{array}{r}9\\+\ 7\\\hline\end{array}\qquad\begin{array}{r}6\\+\ 12\\\hline\end{array}\qquad\begin{array}{r}12\\+\ 5\\\hline\end{array}\qquad\begin{array}{r}6\\+\ 2\\\hline\end{array}$$

Time: _____ minutes   **Score:** _____ out of 25

Name: _____

Basic Addition

11 + 5	10 + 10	6 + 12	12 + 2	12 + 10
11 + 10	4 + 7	7 + 4	10 + 7	11 + 8
9 + 10	2 + 5	6 + 7	9 + 5	9 + 9
10 + 3	10 + 9	4 + 5	2 + 4	8 + 6
11 + 11	5 + 2	3 + 11	6 + 6	3 + 10

Time: _____ minutes   **Score:** _____ out of 25

Basic Addition

7 + 7	9 + 8	8 + 10	6 + 6	10 + 5
6 + 8	9 + 6	5 + 8	5 + 9	6 + 9
7 + 10	5 + 7	10 + 10	7 + 8	9 + 7
9 + 10	8 + 7	9 + 5	5 + 5	8 + 5
10 + 6	5 + 10	8 + 8	10 + 9	8 + 6

Time: _____ minutes   **Score:** _____ out of 25

Name: _____

Basic Addition

12 + 7	5 + 10	12 + 5	3 + 10	12 + 6
6 + 4	11 + 6	12 + 10	1 + 6	11 + 8
4 + 6	6 + 9	9 + 3	7 + 9	9 + 4
8 + 10	3 + 9	5 + 3	11 + 7	10 + 7
2 + 3	3 + 5	2 + 4	12 + 4	11 + 9

Time: _____ minutes   **Score:** _____ out of 25

Name: _____

Basic Addition

```
   6        6        5        3        2
 + 6      + 7      + 5      + 4      + 3
 ---      ---      ---      ---      ---


   6        3        5        4        3
 + 12     + 8      + 3      + 11     + 5
 ----     ---      ---      ----     ---


   2        3        6        2        5
 + 5      + 3      + 2      + 2      + 10
 ---      ---      ---      ---      ----


   2        4        2        5        5
 + 12     + 12     + 8      + 11     + 9
 ----     ----     ---      ----     ---


   3        4        4        5        6
 + 9      + 5      + 10     + 12     + 3
 ---      ---      ----     ----     ---
```

Time: _____ minutes   **Score:** _____ out of 25

Name: _____

Basic Addition

11 + 7	6 + 7	5 + 1	9 + 7	10 + 7
12 + 5	6 + 3	8 + 2	12 + 1	10 + 6
6 + 9	5 + 8	9 + 8	11 + 5	11 + 6
8 + 6	7 + 3	7 + 9	5 + 5	12 + 2
12 + 4	10 + 4	10 + 1	5 + 2	9 + 4

Time: _____ minutes   **Score:** _____ out of 25

Name: _____

Basic Addition

9	7	4	6	8
+ 10	+ 11	+ 4	+ 6	+ 9

7	6	7	4	5
+ 2	+ 3	+ 1	+ 2	+ 5

6	4	8	4	9
+ 11	+ 3	+ 7	+ 10	+ 12

7	10	9	6	9
+ 4	+ 7	+ 8	+ 7	+ 5

7	7	10	9	9
+ 7	+ 10	+ 8	+ 1	+ 4

Time: _____ minutes   **Score:** _____ out of 25

Name: _____

Basic Addition

10 + 3	11 + 10	12 + 7	9 + 4	6 + 5
9 + 9	8 + 2	11 + 8	6 + 8	6 + 4
7 + 8	9 + 6	7 + 3	11 + 2	9 + 3
8 + 7	7 + 6	8 + 4	10 + 9	11 + 4
9 + 2	10 + 8	8 + 3	8 + 10	10 + 2

Time: _____ minutes   **Score:** _____ out of 25

Name: _____

Basic Addition

$$\begin{array}{r}8\\+\ 9\\\hline\end{array}\qquad\begin{array}{r}10\\+\ 3\\\hline\end{array}\qquad\begin{array}{r}5\\+\ 3\\\hline\end{array}\qquad\begin{array}{r}4\\+\ 3\\\hline\end{array}\qquad\begin{array}{r}4\\+\ 4\\\hline\end{array}$$

$$\begin{array}{r}10\\+\ 12\\\hline\end{array}\qquad\begin{array}{r}5\\+\ 6\\\hline\end{array}\qquad\begin{array}{r}9\\+\ 12\\\hline\end{array}\qquad\begin{array}{r}5\\+\ 4\\\hline\end{array}\qquad\begin{array}{r}4\\+\ 8\\\hline\end{array}$$

$$\begin{array}{r}10\\+\ 7\\\hline\end{array}\qquad\begin{array}{r}10\\+\ 8\\\hline\end{array}\qquad\begin{array}{r}7\\+\ 7\\\hline\end{array}\qquad\begin{array}{r}5\\+\ 2\\\hline\end{array}\qquad\begin{array}{r}8\\+\ 10\\\hline\end{array}$$

$$\begin{array}{r}4\\+\ 5\\\hline\end{array}\qquad\begin{array}{r}7\\+\ 8\\\hline\end{array}\qquad\begin{array}{r}5\\+\ 7\\\hline\end{array}\qquad\begin{array}{r}8\\+\ 4\\\hline\end{array}\qquad\begin{array}{r}7\\+\ 10\\\hline\end{array}$$

$$\begin{array}{r}5\\+\ 5\\\hline\end{array}\qquad\begin{array}{r}7\\+\ 2\\\hline\end{array}\qquad\begin{array}{r}8\\+\ 7\\\hline\end{array}\qquad\begin{array}{r}6\\+\ 10\\\hline\end{array}\qquad\begin{array}{r}9\\+\ 7\\\hline\end{array}$$

Time: _____ minutes   **Score:** _____ out of 25

Name: _____

Basic Addition

   8   6   5   5   10
+ 6   + 6   + 9   + 10   + 6

   7   2   7   2   2
+ 10   + 7   + 9   + 9   + 8

   4   2   6   6   6
+ 10   + 10   + 10   + 5   + 9

   5   1   3   8   10
+ 5   + 7   + 8   + 9   + 10

   8   10   2   3   1
+ 5   + 7   + 6   + 5   + 5

Time: _____ minutes   **Score:** _____ out of 25

Name: _____

Basic Addition

4	7	10	8	8
+ 10	+ 7	+ 9	+ 7	+ 8

4	9	9	12	5
+ 8	+ 12	+ 11	+ 7	+ 10

6	8	12	11	12
+ 11	+ 12	+ 8	+ 8	+ 11

11	6	7	9	11
+ 10	+ 10	+ 9	+ 7	+ 9

5	8	9	5	11
+ 7	+ 9	+ 10	+ 11	+ 11

Time: _____ minutes   **Score:** _____ out of 25

Name: _____

Basic Addition

```
   4        10         2        10         7
+ 10       + 5       + 11      + 11       + 5
----       ----      ----      ----       ----

   8        12         9         5         4
+  1       + 6       + 9       + 12       + 9
----       ----      ----      ----       ----

  12         9         2        11         7
+  2       + 5       + 9       + 10       + 7
----       ----      ----      ----       ----

   1         6         8         9         1
+  9       + 4      + 11       + 4       + 3
----       ----      ----      ----       ----

   9         9         5        10         3
+ 10       + 2      + 11      + 12       + 8
----       ----      ----      ----       ----
```

Time: _____ minutes   **Score:** _____ out of 25

ANSWER KEY

Basic Addition

10	7	10	5	3
+ 7	+ 2	+ 1	+ 3	+ 4
17	**9**	**11**	**8**	**7**

8	1	4	6	9
+ 5	+ 5	+ 3	+ 4	+ 9
13	**6**	**7**	**10**	**18**

7	3	2	6	5
+ 9	+ 1	+ 6	+ 5	+ 7
16	**4**	**8**	**11**	**12**

10	9	1	8	7
+ 6	+ 4	+ 7	+ 10	+ 1
16	**13**	**8**	**18**	**8**

4	3	7	1	7
+ 2	+ 3	+ 6	+ 3	+ 5
6	**6**	**13**	**4**	**12**

ANSWER KEY

Basic Addition

$\begin{array}{r}3\\+\;9\\\hline \mathbf{12}\end{array}$ $\quad$ $\begin{array}{r}3\\+\;6\\\hline \mathbf{9}\end{array}$ $\quad$ $\begin{array}{r}3\\+\;5\\\hline \mathbf{8}\end{array}$ $\quad$ $\begin{array}{r}10\\+\;2\\\hline \mathbf{12}\end{array}$ $\quad$ $\begin{array}{r}2\\+\;6\\\hline \mathbf{8}\end{array}$

$\begin{array}{r}3\\+\;7\\\hline \mathbf{10}\end{array}$ $\quad$ $\begin{array}{r}2\\+\;2\\\hline \mathbf{4}\end{array}$ $\quad$ $\begin{array}{r}3\\+\;4\\\hline \mathbf{7}\end{array}$ $\quad$ $\begin{array}{r}2\\+\;9\\\hline \mathbf{11}\end{array}$ $\quad$ $\begin{array}{r}5\\+\;3\\\hline \mathbf{8}\end{array}$

$\begin{array}{r}4\\+\;6\\\hline \mathbf{10}\end{array}$ $\quad$ $\begin{array}{r}1\\+\;1\\\hline \mathbf{2}\end{array}$ $\quad$ $\begin{array}{r}7\\+\;4\\\hline \mathbf{11}\end{array}$ $\quad$ $\begin{array}{r}10\\+\;5\\\hline \mathbf{15}\end{array}$ $\quad$ $\begin{array}{r}8\\+\;2\\\hline \mathbf{10}\end{array}$

$\begin{array}{r}9\\+\;8\\\hline \mathbf{17}\end{array}$ $\quad$ $\begin{array}{r}7\\+\;6\\\hline \mathbf{13}\end{array}$ $\quad$ $\begin{array}{r}1\\+\;7\\\hline \mathbf{8}\end{array}$ $\quad$ $\begin{array}{r}8\\+\;9\\\hline \mathbf{17}\end{array}$ $\quad$ $\begin{array}{r}1\\+\;2\\\hline \mathbf{3}\end{array}$

$\begin{array}{r}9\\+\;3\\\hline \mathbf{12}\end{array}$ $\quad$ $\begin{array}{r}1\\+\;4\\\hline \mathbf{5}\end{array}$ $\quad$ $\begin{array}{r}6\\+\;3\\\hline \mathbf{9}\end{array}$ $\quad$ $\begin{array}{r}5\\+\;8\\\hline \mathbf{13}\end{array}$ $\quad$ $\begin{array}{r}2\\+\;5\\\hline \mathbf{7}\end{array}$

<u>ANSWER KEY</u>

Basic Addition

4 + 7 **11**	8 + 2 **10**	5 + 9 **14**	2 + 8 **10**	3 + 6 **9**
10 + 6 **16**	8 + 6 **14**	2 + 10 **12**	3 + 4 **7**	5 + 3 **8**
5 + 7 **12**	7 + 4 **11**	3 + 10 **13**	8 + 3 **11**	10 + 4 **14**
10 + 9 **19**	9 + 5 **14**	8 + 10 **18**	9 + 2 **11**	7 + 3 **10**
10 + 2 **12**	4 + 4 **8**	2 + 9 **11**	6 + 2 **8**	9 + 8 **17**

ANSWER KEY

Basic Addition

```
   3        6        5        7        8
 + 7      + 2      + 5      + 9      + 4
  10        8       10       16       12

   8        4        5        4        9
 +10      + 7      + 3      + 6      + 4
  18       11        8       10       13

  10        5        7        6        2
 + 3      + 9      + 7      + 8      + 3
  13       14       14       14        5

  10        3        4       10        7
 + 2      + 2      + 9      + 8      + 8
  12        5       13       18       15

  10        5        4        5       10
 +10      + 4      + 5      + 7      + 9
  20        9        9       12       19
```

ANSWER KEY

Basic Addition

6 + 10 = **16**	1 + 2 = **3**	1 + 5 = **6**	9 + 6 = **15**	10 + 2 = **12**
5 + 5 = **10**	1 + 3 = **4**	8 + 4 = **12**	8 + 7 = **15**	6 + 3 = **9**
10 + 6 = **16**	9 + 2 = **11**	4 + 1 = **5**	4 + 9 = **13**	8 + 9 = **17**
3 + 4 = **7**	2 + 4 = **6**	6 + 2 = **8**	5 + 7 = **12**	7 + 7 = **14**
2 + 5 = **7**	7 + 9 = **16**	4 + 5 = **9**	4 + 7 = **11**	2 + 6 = **8**

ANSWER KEY

Basic Addition

$\begin{array}{r}8\\+\ 2\\\hline \mathbf{10}\end{array}$ $\qquad$ $\begin{array}{r}6\\+\ 2\\\hline \mathbf{8}\end{array}$ $\qquad$ $\begin{array}{r}4\\+\ 7\\\hline \mathbf{11}\end{array}$ $\qquad$ $\begin{array}{r}10\\+\ 5\\\hline \mathbf{15}\end{array}$ $\qquad$ $\begin{array}{r}1\\+\ 7\\\hline \mathbf{8}\end{array}$

$\begin{array}{r}1\\+\ 5\\\hline \mathbf{6}\end{array}$ $\qquad$ $\begin{array}{r}2\\+\ 9\\\hline \mathbf{11}\end{array}$ $\qquad$ $\begin{array}{r}10\\+\ 9\\\hline \mathbf{19}\end{array}$ $\qquad$ $\begin{array}{r}1\\+\ 9\\\hline \mathbf{10}\end{array}$ $\qquad$ $\begin{array}{r}2\\+\ 2\\\hline \mathbf{4}\end{array}$

$\begin{array}{r}8\\+\ 9\\\hline \mathbf{17}\end{array}$ $\qquad$ $\begin{array}{r}2\\+\ 8\\\hline \mathbf{10}\end{array}$ $\qquad$ $\begin{array}{r}2\\+\ 7\\\hline \mathbf{9}\end{array}$ $\qquad$ $\begin{array}{r}7\\+\ 5\\\hline \mathbf{12}\end{array}$ $\qquad$ $\begin{array}{r}6\\+\ 4\\\hline \mathbf{10}\end{array}$

$\begin{array}{r}1\\+\ 4\\\hline \mathbf{5}\end{array}$ $\qquad$ $\begin{array}{r}5\\+\ 6\\\hline \mathbf{11}\end{array}$ $\qquad$ $\begin{array}{r}9\\+\ 10\\\hline \mathbf{19}\end{array}$ $\qquad$ $\begin{array}{r}3\\+\ 6\\\hline \mathbf{9}\end{array}$ $\qquad$ $\begin{array}{r}5\\+\ 8\\\hline \mathbf{13}\end{array}$

$\begin{array}{r}10\\+\ 6\\\hline \mathbf{16}\end{array}$ $\qquad$ $\begin{array}{r}7\\+\ 4\\\hline \mathbf{11}\end{array}$ $\qquad$ $\begin{array}{r}9\\+\ 3\\\hline \mathbf{12}\end{array}$ $\qquad$ $\begin{array}{r}2\\+\ 1\\\hline \mathbf{3}\end{array}$ $\qquad$ $\begin{array}{r}3\\+\ 3\\\hline \mathbf{6}\end{array}$

ANSWER KEY

Basic Addition

$$\begin{array}{r}1\\+\ 6\\\hline 7\end{array}\qquad\begin{array}{r}6\\+\ 7\\\hline 13\end{array}\qquad\begin{array}{r}1\\+\ 8\\\hline 9\end{array}\qquad\begin{array}{r}2\\+\ 8\\\hline 10\end{array}\qquad\begin{array}{r}8\\+\ 1\\\hline 9\end{array}$$

$$\begin{array}{r}6\\+\ 2\\\hline 8\end{array}\qquad\begin{array}{r}7\\+\ 10\\\hline 17\end{array}\qquad\begin{array}{r}3\\+\ 6\\\hline 9\end{array}\qquad\begin{array}{r}9\\+\ 4\\\hline 13\end{array}\qquad\begin{array}{r}3\\+\ 1\\\hline 4\end{array}$$

$$\begin{array}{r}8\\+\ 2\\\hline 10\end{array}\qquad\begin{array}{r}9\\+\ 9\\\hline 18\end{array}\qquad\begin{array}{r}4\\+\ 9\\\hline 13\end{array}\qquad\begin{array}{r}3\\+\ 9\\\hline 12\end{array}\qquad\begin{array}{r}10\\+\ 10\\\hline 20\end{array}$$

$$\begin{array}{r}3\\+\ 2\\\hline 5\end{array}\qquad\begin{array}{r}5\\+\ 10\\\hline 15\end{array}\qquad\begin{array}{r}2\\+\ 10\\\hline 12\end{array}\qquad\begin{array}{r}5\\+\ 9\\\hline 14\end{array}\qquad\begin{array}{r}8\\+\ 7\\\hline 15\end{array}$$

$$\begin{array}{r}3\\+\ 10\\\hline 13\end{array}\qquad\begin{array}{r}4\\+\ 3\\\hline 7\end{array}\qquad\begin{array}{r}5\\+\ 2\\\hline 7\end{array}\qquad\begin{array}{r}4\\+\ 2\\\hline 6\end{array}\qquad\begin{array}{r}6\\+\ 10\\\hline 16\end{array}$$

ANSWER KEY

Basic Addition

$\begin{array}{r}2\\+\ 9\\\hline \mathbf{11}\end{array}$ $\qquad$ $\begin{array}{r}6\\+\ 7\\\hline \mathbf{13}\end{array}$ $\qquad$ $\begin{array}{r}10\\+\ 1\\\hline \mathbf{11}\end{array}$ $\qquad$ $\begin{array}{r}5\\+\ 8\\\hline \mathbf{13}\end{array}$ $\qquad$ $\begin{array}{r}7\\+\ 8\\\hline \mathbf{15}\end{array}$

$\begin{array}{r}3\\+\ 9\\\hline \mathbf{12}\end{array}$ $\qquad$ $\begin{array}{r}2\\+\ 6\\\hline \mathbf{8}\end{array}$ $\qquad$ $\begin{array}{r}10\\+\ 6\\\hline \mathbf{16}\end{array}$ $\qquad$ $\begin{array}{r}6\\+\ 1\\\hline \mathbf{7}\end{array}$ $\qquad$ $\begin{array}{r}2\\+\ 10\\\hline \mathbf{12}\end{array}$

$\begin{array}{r}8\\+\ 6\\\hline \mathbf{14}\end{array}$ $\qquad$ $\begin{array}{r}8\\+\ 3\\\hline \mathbf{11}\end{array}$ $\qquad$ $\begin{array}{r}3\\+\ 3\\\hline \mathbf{6}\end{array}$ $\qquad$ $\begin{array}{r}10\\+\ 10\\\hline \mathbf{20}\end{array}$ $\qquad$ $\begin{array}{r}7\\+\ 1\\\hline \mathbf{8}\end{array}$

$\begin{array}{r}5\\+\ 4\\\hline \mathbf{9}\end{array}$ $\qquad$ $\begin{array}{r}4\\+\ 2\\\hline \mathbf{6}\end{array}$ $\qquad$ $\begin{array}{r}6\\+\ 3\\\hline \mathbf{9}\end{array}$ $\qquad$ $\begin{array}{r}7\\+\ 3\\\hline \mathbf{10}\end{array}$ $\qquad$ $\begin{array}{r}7\\+\ 9\\\hline \mathbf{16}\end{array}$

$\begin{array}{r}3\\+\ 2\\\hline \mathbf{5}\end{array}$ $\qquad$ $\begin{array}{r}8\\+\ 10\\\hline \mathbf{18}\end{array}$ $\qquad$ $\begin{array}{r}1\\+\ 2\\\hline \mathbf{3}\end{array}$ $\qquad$ $\begin{array}{r}10\\+\ 3\\\hline \mathbf{13}\end{array}$ $\qquad$ $\begin{array}{r}9\\+\ 3\\\hline \mathbf{12}\end{array}$

ANSWER KEY

Basic Addition

8 + 3 = **11**	7 + 6 = **13**	6 + 3 = **9**	9 + 1 = **10**	10 + 7 = **17**
1 + 3 = **4**	2 + 9 = **11**	2 + 8 = **10**	7 + 2 = **9**	1 + 9 = **10**
1 + 4 = **5**	1 + 2 = **3**	10 + 6 = **16**	10 + 2 = **12**	8 + 8 = **16**
1 + 6 = **7**	7 + 1 = **8**	10 + 4 = **14**	5 + 6 = **11**	7 + 3 = **10**
3 + 5 = **8**	8 + 5 = **13**	1 + 10 = **11**	6 + 4 = **10**	10 + 9 = **19**

ANSWER KEY

Basic Addition

$\begin{array}{r}5\\+\ 8\\\hline 13\end{array}$ $\quad$ $\begin{array}{r}3\\+\ 8\\\hline 11\end{array}$ $\quad$ $\begin{array}{r}10\\+\ 5\\\hline 15\end{array}$ $\quad$ $\begin{array}{r}3\\+\ 5\\\hline 8\end{array}$ $\quad$ $\begin{array}{r}7\\+\ 4\\\hline 11\end{array}$

$\begin{array}{r}8\\+\ 2\\\hline 10\end{array}$ $\quad$ $\begin{array}{r}2\\+\ 9\\\hline 11\end{array}$ $\quad$ $\begin{array}{r}1\\+\ 10\\\hline 11\end{array}$ $\quad$ $\begin{array}{r}3\\+\ 7\\\hline 10\end{array}$ $\quad$ $\begin{array}{r}7\\+\ 1\\\hline 8\end{array}$

$\begin{array}{r}10\\+\ 9\\\hline 19\end{array}$ $\quad$ $\begin{array}{r}4\\+\ 7\\\hline 11\end{array}$ $\quad$ $\begin{array}{r}6\\+\ 7\\\hline 13\end{array}$ $\quad$ $\begin{array}{r}4\\+\ 9\\\hline 13\end{array}$ $\quad$ $\begin{array}{r}2\\+\ 5\\\hline 7\end{array}$

$\begin{array}{r}9\\+\ 4\\\hline 13\end{array}$ $\quad$ $\begin{array}{r}6\\+\ 10\\\hline 16\end{array}$ $\quad$ $\begin{array}{r}4\\+\ 4\\\hline 8\end{array}$ $\quad$ $\begin{array}{r}5\\+\ 9\\\hline 14\end{array}$ $\quad$ $\begin{array}{r}1\\+\ 4\\\hline 5\end{array}$

$\begin{array}{r}10\\+\ 2\\\hline 12\end{array}$ $\quad$ $\begin{array}{r}9\\+\ 3\\\hline 12\end{array}$ $\quad$ $\begin{array}{r}10\\+\ 4\\\hline 14\end{array}$ $\quad$ $\begin{array}{r}6\\+\ 2\\\hline 8\end{array}$ $\quad$ $\begin{array}{r}8\\+\ 6\\\hline 14\end{array}$

ANSWER KEY

Basic Addition

7 + 9 **16**	4 + 9 **13**	4 + 4 **8**	5 + 7 **12**	5 + 2 **7**
2 + 1 **3**	10 + 1 **11**	2 + 8 **10**	10 + 7 **17**	5 + 4 **9**
1 + 7 **8**	4 + 8 **12**	7 + 5 **12**	2 + 7 **9**	6 + 5 **11**
4 + 3 **7**	6 + 8 **14**	10 + 10 **20**	10 + 6 **16**	5 + 3 **8**
5 + 1 **6**	8 + 6 **14**	3 + 5 **8**	7 + 10 **17**	2 + 3 **5**

ANSWER KEY

Basic Addition

$\begin{array}{r} 5 \\ +\ 6 \\ \hline \mathbf{11} \end{array}$ $\quad$ $\begin{array}{r} 10 \\ +\ 6 \\ \hline \mathbf{16} \end{array}$ $\quad$ $\begin{array}{r} 9 \\ +\ 10 \\ \hline \mathbf{19} \end{array}$ $\quad$ $\begin{array}{r} 2 \\ +\ 1 \\ \hline \mathbf{3} \end{array}$ $\quad$ $\begin{array}{r} 6 \\ +\ 4 \\ \hline \mathbf{10} \end{array}$

$\begin{array}{r} 2 \\ +\ 2 \\ \hline \mathbf{4} \end{array}$ $\quad$ $\begin{array}{r} 3 \\ +\ 2 \\ \hline \mathbf{5} \end{array}$ $\quad$ $\begin{array}{r} 5 \\ +\ 2 \\ \hline \mathbf{7} \end{array}$ $\quad$ $\begin{array}{r} 9 \\ +\ 5 \\ \hline \mathbf{14} \end{array}$ $\quad$ $\begin{array}{r} 3 \\ +\ 5 \\ \hline \mathbf{8} \end{array}$

$\begin{array}{r} 3 \\ +\ 6 \\ \hline \mathbf{9} \end{array}$ $\quad$ $\begin{array}{r} 7 \\ +\ 3 \\ \hline \mathbf{10} \end{array}$ $\quad$ $\begin{array}{r} 2 \\ +\ 9 \\ \hline \mathbf{11} \end{array}$ $\quad$ $\begin{array}{r} 6 \\ +\ 10 \\ \hline \mathbf{16} \end{array}$ $\quad$ $\begin{array}{r} 10 \\ +\ 9 \\ \hline \mathbf{19} \end{array}$

$\begin{array}{r} 1 \\ +\ 9 \\ \hline \mathbf{10} \end{array}$ $\quad$ $\begin{array}{r} 2 \\ +\ 8 \\ \hline \mathbf{10} \end{array}$ $\quad$ $\begin{array}{r} 6 \\ +\ 2 \\ \hline \mathbf{8} \end{array}$ $\quad$ $\begin{array}{r} 9 \\ +\ 7 \\ \hline \mathbf{16} \end{array}$ $\quad$ $\begin{array}{r} 3 \\ +\ 4 \\ \hline \mathbf{7} \end{array}$

$\begin{array}{r} 10 \\ +\ 2 \\ \hline \mathbf{12} \end{array}$ $\quad$ $\begin{array}{r} 2 \\ +\ 7 \\ \hline \mathbf{9} \end{array}$ $\quad$ $\begin{array}{r} 10 \\ +\ 4 \\ \hline \mathbf{14} \end{array}$ $\quad$ $\begin{array}{r} 4 \\ +\ 1 \\ \hline \mathbf{5} \end{array}$ $\quad$ $\begin{array}{r} 5 \\ +\ 1 \\ \hline \mathbf{6} \end{array}$

ANSWER KEY

Basic Addition

$$\begin{array}{r}10\\+4\\\hline \mathbf{14}\end{array}\qquad\begin{array}{r}2\\+1\\\hline \mathbf{3}\end{array}\qquad\begin{array}{r}7\\+10\\\hline \mathbf{17}\end{array}\qquad\begin{array}{r}7\\+3\\\hline \mathbf{10}\end{array}\qquad\begin{array}{r}6\\+9\\\hline \mathbf{15}\end{array}$$

$$\begin{array}{r}6\\+4\\\hline \mathbf{10}\end{array}\qquad\begin{array}{r}1\\+1\\\hline \mathbf{2}\end{array}\qquad\begin{array}{r}4\\+3\\\hline \mathbf{7}\end{array}\qquad\begin{array}{r}9\\+4\\\hline \mathbf{13}\end{array}\qquad\begin{array}{r}1\\+5\\\hline \mathbf{6}\end{array}$$

$$\begin{array}{r}2\\+9\\\hline \mathbf{11}\end{array}\qquad\begin{array}{r}8\\+1\\\hline \mathbf{9}\end{array}\qquad\begin{array}{r}10\\+9\\\hline \mathbf{19}\end{array}\qquad\begin{array}{r}5\\+2\\\hline \mathbf{7}\end{array}\qquad\begin{array}{r}9\\+2\\\hline \mathbf{11}\end{array}$$

$$\begin{array}{r}2\\+7\\\hline \mathbf{9}\end{array}\qquad\begin{array}{r}6\\+2\\\hline \mathbf{8}\end{array}\qquad\begin{array}{r}7\\+8\\\hline \mathbf{15}\end{array}\qquad\begin{array}{r}6\\+6\\\hline \mathbf{12}\end{array}\qquad\begin{array}{r}10\\+6\\\hline \mathbf{16}\end{array}$$

$$\begin{array}{r}2\\+2\\\hline \mathbf{4}\end{array}\qquad\begin{array}{r}9\\+7\\\hline \mathbf{16}\end{array}\qquad\begin{array}{r}10\\+10\\\hline \mathbf{20}\end{array}\qquad\begin{array}{r}3\\+2\\\hline \mathbf{5}\end{array}\qquad\begin{array}{r}8\\+3\\\hline \mathbf{11}\end{array}$$

ANSWER KEY

Basic Addition

8	9	4	3	8
+ 3	+ 8	+ 3	+ 10	+ 9
11	**17**	**7**	**13**	**17**

8	3	7	3	8
+ 8	+ 9	+ 7	+ 6	+ 5
16	**12**	**14**	**9**	**13**

6	9	3	5	5
+ 3	+ 4	+ 2	+ 10	+ 5
9	**13**	**5**	**15**	**10**

9	7	6	4	5
+ 10	+ 9	+ 10	+ 9	+ 7
19	**16**	**16**	**13**	**12**

9	3	7	5	8
+ 6	+ 5	+ 10	+ 4	+ 7
15	**8**	**17**	**9**	**15**

ANSWER KEY

Basic Addition

$\begin{array}{r}6\\+\ 4\\\hline 10\end{array}$ $\begin{array}{r}5\\+\ 7\\\hline 12\end{array}$ $\begin{array}{r}6\\+\ 6\\\hline 12\end{array}$ $\begin{array}{r}8\\+\ 1\\\hline 9\end{array}$ $\begin{array}{r}2\\+\ 5\\\hline 7\end{array}$

$\begin{array}{r}5\\+\ 2\\\hline 7\end{array}$ $\begin{array}{r}4\\+\ 2\\\hline 6\end{array}$ $\begin{array}{r}9\\+\ 5\\\hline 14\end{array}$ $\begin{array}{r}6\\+\ 8\\\hline 14\end{array}$ $\begin{array}{r}6\\+\ 3\\\hline 9\end{array}$

$\begin{array}{r}9\\+\ 6\\\hline 15\end{array}$ $\begin{array}{r}9\\+\ 3\\\hline 12\end{array}$ $\begin{array}{r}9\\+\ 4\\\hline 13\end{array}$ $\begin{array}{r}5\\+\ 5\\\hline 10\end{array}$ $\begin{array}{r}2\\+\ 7\\\hline 9\end{array}$

$\begin{array}{r}7\\+\ 7\\\hline 14\end{array}$ $\begin{array}{r}3\\+\ 2\\\hline 5\end{array}$ $\begin{array}{r}8\\+\ 4\\\hline 12\end{array}$ $\begin{array}{r}8\\+\ 8\\\hline 16\end{array}$ $\begin{array}{r}4\\+\ 1\\\hline 5\end{array}$

$\begin{array}{r}4\\+\ 6\\\hline 10\end{array}$ $\begin{array}{r}7\\+\ 8\\\hline 15\end{array}$ $\begin{array}{r}7\\+\ 2\\\hline 9\end{array}$ $\begin{array}{r}8\\+\ 5\\\hline 13\end{array}$ $\begin{array}{r}9\\+\ 2\\\hline 11\end{array}$

ANSWER KEY

Basic Addition

$$\begin{array}{r}1\\+\,6\\\hline\mathbf{7}\end{array}\qquad\begin{array}{r}1\\+\,1\\\hline\mathbf{2}\end{array}\qquad\begin{array}{r}4\\+\,9\\\hline\mathbf{13}\end{array}\qquad\begin{array}{r}2\\+\,1\\\hline\mathbf{3}\end{array}\qquad\begin{array}{r}1\\+\,9\\\hline\mathbf{10}\end{array}$$

$$\begin{array}{r}4\\+\,4\\\hline\mathbf{8}\end{array}\qquad\begin{array}{r}2\\+\,2\\\hline\mathbf{4}\end{array}\qquad\begin{array}{r}5\\+\,5\\\hline\mathbf{10}\end{array}\qquad\begin{array}{r}6\\+\,4\\\hline\mathbf{10}\end{array}\qquad\begin{array}{r}3\\+\,1\\\hline\mathbf{4}\end{array}$$

$$\begin{array}{r}3\\+\,4\\\hline\mathbf{7}\end{array}\qquad\begin{array}{r}3\\+\,8\\\hline\mathbf{11}\end{array}\qquad\begin{array}{r}3\\+\,6\\\hline\mathbf{9}\end{array}\qquad\begin{array}{r}3\\+\,3\\\hline\mathbf{6}\end{array}\qquad\begin{array}{r}5\\+\,2\\\hline\mathbf{7}\end{array}$$

$$\begin{array}{r}4\\+\,3\\\hline\mathbf{7}\end{array}\qquad\begin{array}{r}7\\+\,9\\\hline\mathbf{16}\end{array}\qquad\begin{array}{r}1\\+\,2\\\hline\mathbf{3}\end{array}\qquad\begin{array}{r}2\\+\,7\\\hline\mathbf{9}\end{array}\qquad\begin{array}{r}5\\+\,0\\\hline\mathbf{5}\end{array}$$

$$\begin{array}{r}6\\+\,6\\\hline\mathbf{12}\end{array}\qquad\begin{array}{r}2\\+\,10\\\hline\mathbf{12}\end{array}\qquad\begin{array}{r}5\\+\,6\\\hline\mathbf{11}\end{array}\qquad\begin{array}{r}1\\+\,5\\\hline\mathbf{6}\end{array}\qquad\begin{array}{r}2\\+\,8\\\hline\mathbf{10}\end{array}$$

ANSWER KEY

Basic Addition

2 + 4 **6**	8 + 7 **15**	1 + 2 **3**	7 + 3 **10**	9 + 7 **16**
10 + 2 **12**	4 + 4 **8**	10 + 5 **15**	8 + 2 **10**	4 + 6 **10**
6 + 8 **14**	1 + 7 **8**	8 + 3 **11**	4 + 8 **12**	1 + 8 **9**
5 + 3 **8**	5 + 7 **12**	10 + 3 **13**	10 + 4 **14**	1 + 3 **4**
7 + 8 **15**	4 + 7 **11**	3 + 3 **6**	9 + 4 **13**	2 + 3 **5**

ANSWER KEY

Basic Addition

```
  10        3         8         5         5
+  5      + 10       + 7       + 3       + 6
----      ----      ----      ----      ----
  15       13        15         8        11

   5        2         2         7         2
+  2      + 6       + 2       + 3       + 7
----      ----      ----      ----      ----
   7        8         4        10         9

   2        3        10         6         6
+  5      + 3       + 9       + 3       + 2
----      ----      ----      ----      ----
   7        6        19         9         8

  10        8         7         5         8
+  7      + 2       + 4       + 10      + 4
----      ----      ----      ----      ----
  17       10        11        15        12

   2        3         8         7         7
+ 10      + 2       + 8       + 9       + 6
----      ----      ----      ----      ----
  12        5        16        16        13
```

ANSWER KEY

Basic Addition

$$\begin{array}{r}2\\+\ 7\\\hline \mathbf{9}\end{array} \qquad \begin{array}{r}5\\+\ 10\\\hline \mathbf{15}\end{array} \qquad \begin{array}{r}7\\+\ 9\\\hline \mathbf{16}\end{array} \qquad \begin{array}{r}4\\+\ 2\\\hline \mathbf{6}\end{array} \qquad \begin{array}{r}2\\+\ 6\\\hline \mathbf{8}\end{array}$$

$$\begin{array}{r}2\\+\ 3\\\hline \mathbf{5}\end{array} \qquad \begin{array}{r}6\\+\ 2\\\hline \mathbf{8}\end{array} \qquad \begin{array}{r}7\\+\ 10\\\hline \mathbf{17}\end{array} \qquad \begin{array}{r}6\\+\ 7\\\hline \mathbf{13}\end{array} \qquad \begin{array}{r}7\\+\ 7\\\hline \mathbf{14}\end{array}$$

$$\begin{array}{r}6\\+\ 3\\\hline \mathbf{9}\end{array} \qquad \begin{array}{r}7\\+\ 6\\\hline \mathbf{13}\end{array} \qquad \begin{array}{r}2\\+\ 4\\\hline \mathbf{6}\end{array} \qquad \begin{array}{r}2\\+\ 10\\\hline \mathbf{12}\end{array} \qquad \begin{array}{r}4\\+\ 6\\\hline \mathbf{10}\end{array}$$

$$\begin{array}{r}7\\+\ 3\\\hline \mathbf{10}\end{array} \qquad \begin{array}{r}6\\+\ 9\\\hline \mathbf{15}\end{array} \qquad \begin{array}{r}4\\+\ 3\\\hline \mathbf{7}\end{array} \qquad \begin{array}{r}6\\+\ 6\\\hline \mathbf{12}\end{array} \qquad \begin{array}{r}4\\+\ 10\\\hline \mathbf{14}\end{array}$$

$$\begin{array}{r}5\\+\ 6\\\hline \mathbf{11}\end{array} \qquad \begin{array}{r}2\\+\ 8\\\hline \mathbf{10}\end{array} \qquad \begin{array}{r}8\\+\ 9\\\hline \mathbf{17}\end{array} \qquad \begin{array}{r}2\\+\ 2\\\hline \mathbf{4}\end{array} \qquad \begin{array}{r}4\\+\ 7\\\hline \mathbf{11}\end{array}$$

ANSWER KEY

Basic Addition

9 + 10 **19**	10 + 6 **16**	9 + 9 **18**	3 + 9 **12**	10 + 7 **17**
4 + 5 **9**	9 + 8 **17**	5 + 8 **13**	5 + 5 **10**	10 + 8 **18**
7 + 5 **12**	10 + 10 **20**	8 + 8 **16**	7 + 10 **17**	4 + 9 **13**
3 + 7 **10**	7 + 6 **13**	3 + 8 **11**	4 + 10 **14**	9 + 6 **15**
5 + 7 **12**	8 + 6 **14**	7 + 7 **14**	6 + 9 **15**	3 + 5 **8**

ANSWER KEY

Basic Addition

```
  11        9        9       11        9
 + 5      + 3      + 8      + 7      + 7
 ---      ---      ---      ---      ---
  16       12       17       18       16

  10       11        9       12        9
 + 9      + 9      +10      + 5      + 2
 ---      ---      ---      ---      ---
  19       20       19       17       11

  12       10       10       10       11
 + 7      + 3      + 6      + 5      + 6
 ---      ---      ---      ---      ---
  19       13       16       15       17

  12       10       10       12       12
 +10      + 7      + 8      + 2      + 4
 ---      ---      ---      ---      ---
  22       17       18       14       16

  10       10        9        9        9
 + 4      + 2      + 9      + 5      + 4
 ---      ---      ---      ---      ---
  14       12       18       14       13
```

ANSWER KEY

Basic Addition

12	11	11	9	10
+ 9	+ 2	+ 6	+ 0	+ 5
21	**13**	**17**	**9**	**15**

9	10	9	10	11
+ 10	+ 7	+ 5	+ 6	+ 0
19	**17**	**14**	**16**	**11**

11	11	12	9	11
+ 9	+ 1	+ 10	+ 7	+ 4
20	**12**	**22**	**16**	**15**

11	9	12	12	12
+ 11	+ 11	+ 11	+ 1	+ 7
22	**20**	**23**	**13**	**19**

11	12	11	9	12
+ 7	+ 2	+ 10	+ 1	+ 6
18	**14**	**21**	**10**	**18**

ANSWER KEY

Basic Addition

$$\begin{array}{r}6\\+\,11\\\hline 17\end{array}\qquad\begin{array}{r}5\\+\,6\\\hline 11\end{array}\qquad\begin{array}{r}9\\+\,10\\\hline 19\end{array}\qquad\begin{array}{r}5\\+\,8\\\hline 13\end{array}\qquad\begin{array}{r}4\\+\,8\\\hline 12\end{array}$$

$$\begin{array}{r}6\\+\,5\\\hline 11\end{array}\qquad\begin{array}{r}9\\+\,6\\\hline 15\end{array}\qquad\begin{array}{r}7\\+\,5\\\hline 12\end{array}\qquad\begin{array}{r}9\\+\,3\\\hline 12\end{array}\qquad\begin{array}{r}11\\+\,11\\\hline 22\end{array}$$

$$\begin{array}{r}10\\+\,5\\\hline 15\end{array}\qquad\begin{array}{r}12\\+\,7\\\hline 19\end{array}\qquad\begin{array}{r}7\\+\,7\\\hline 14\end{array}\qquad\begin{array}{r}11\\+\,8\\\hline 19\end{array}\qquad\begin{array}{r}9\\+\,11\\\hline 20\end{array}$$

$$\begin{array}{r}10\\+\,3\\\hline 13\end{array}\qquad\begin{array}{r}5\\+\,3\\\hline 8\end{array}\qquad\begin{array}{r}12\\+\,3\\\hline 15\end{array}\qquad\begin{array}{r}7\\+\,11\\\hline 18\end{array}\qquad\begin{array}{r}4\\+\,6\\\hline 10\end{array}$$

$$\begin{array}{r}8\\+\,9\\\hline 17\end{array}\qquad\begin{array}{r}11\\+\,3\\\hline 14\end{array}\qquad\begin{array}{r}6\\+\,4\\\hline 10\end{array}\qquad\begin{array}{r}10\\+\,9\\\hline 19\end{array}\qquad\begin{array}{r}12\\+\,10\\\hline 22\end{array}$$

ANSWER KEY

Basic Addition

6 + 11 **17**	8 + 10 **18**	3 + 4 **7**	2 + 8 **10**	6 + 3 **9**
5 + 10 **15**	7 + 12 **19**	7 + 10 **17**	7 + 7 **14**	1 + 3 **4**
5 + 5 **10**	3 + 5 **8**	2 + 10 **12**	1 + 5 **6**	3 + 3 **6**
5 + 11 **16**	4 + 6 **10**	8 + 11 **19**	1 + 12 **13**	8 + 7 **15**
4 + 4 **8**	2 + 12 **14**	3 + 8 **11**	8 + 8 **16**	7 + 4 **11**

ANSWER KEY

Basic Addition

$$\begin{array}{r}7\\+\ 12\\\hline 19\end{array}\qquad\begin{array}{r}2\\+\ 8\\\hline 10\end{array}\qquad\begin{array}{r}12\\+\ 3\\\hline 15\end{array}\qquad\begin{array}{r}9\\+\ 2\\\hline 11\end{array}\qquad\begin{array}{r}7\\+\ 4\\\hline 11\end{array}$$

$$\begin{array}{r}10\\+\ 6\\\hline 16\end{array}\qquad\begin{array}{r}10\\+\ 7\\\hline 17\end{array}\qquad\begin{array}{r}2\\+\ 7\\\hline 9\end{array}\qquad\begin{array}{r}9\\+\ 8\\\hline 17\end{array}\qquad\begin{array}{r}12\\+\ 12\\\hline 24\end{array}$$

$$\begin{array}{r}5\\+\ 8\\\hline 13\end{array}\qquad\begin{array}{r}3\\+\ 7\\\hline 10\end{array}\qquad\begin{array}{r}5\\+\ 7\\\hline 12\end{array}\qquad\begin{array}{r}5\\+\ 11\\\hline 16\end{array}\qquad\begin{array}{r}11\\+\ 3\\\hline 14\end{array}$$

$$\begin{array}{r}8\\+\ 8\\\hline 16\end{array}\qquad\begin{array}{r}5\\+\ 5\\\hline 10\end{array}\qquad\begin{array}{r}3\\+\ 8\\\hline 11\end{array}\qquad\begin{array}{r}12\\+\ 9\\\hline 21\end{array}\qquad\begin{array}{r}2\\+\ 5\\\hline 7\end{array}$$

$$\begin{array}{r}8\\+\ 12\\\hline 20\end{array}\qquad\begin{array}{r}5\\+\ 12\\\hline 17\end{array}\qquad\begin{array}{r}8\\+\ 4\\\hline 12\end{array}\qquad\begin{array}{r}7\\+\ 3\\\hline 10\end{array}\qquad\begin{array}{r}3\\+\ 11\\\hline 14\end{array}$$

ANSWER KEY

Basic Addition

$\begin{array}{r}9\\+\,9\\\hline \mathbf{18}\end{array}$
$\begin{array}{r}1\\+\,10\\\hline \mathbf{11}\end{array}$
$\begin{array}{r}2\\+\,11\\\hline \mathbf{13}\end{array}$
$\begin{array}{r}8\\+\,4\\\hline \mathbf{12}\end{array}$
$\begin{array}{r}1\\+\,8\\\hline \mathbf{9}\end{array}$

$\begin{array}{r}0\\+\,9\\\hline \mathbf{9}\end{array}$
$\begin{array}{r}9\\+\,8\\\hline \mathbf{17}\end{array}$
$\begin{array}{r}5\\+\,7\\\hline \mathbf{12}\end{array}$
$\begin{array}{r}3\\+\,10\\\hline \mathbf{13}\end{array}$
$\begin{array}{r}0\\+\,11\\\hline \mathbf{11}\end{array}$

$\begin{array}{r}6\\+\,8\\\hline \mathbf{14}\end{array}$
$\begin{array}{r}8\\+\,6\\\hline \mathbf{14}\end{array}$
$\begin{array}{r}5\\+\,10\\\hline \mathbf{15}\end{array}$
$\begin{array}{r}5\\+\,9\\\hline \mathbf{14}\end{array}$
$\begin{array}{r}3\\+\,9\\\hline \mathbf{12}\end{array}$

$\begin{array}{r}7\\+\,10\\\hline \mathbf{17}\end{array}$
$\begin{array}{r}6\\+\,4\\\hline \mathbf{10}\end{array}$
$\begin{array}{r}4\\+\,12\\\hline \mathbf{16}\end{array}$
$\begin{array}{r}0\\+\,4\\\hline \mathbf{4}\end{array}$
$\begin{array}{r}7\\+\,11\\\hline \mathbf{18}\end{array}$

$\begin{array}{r}6\\+\,7\\\hline \mathbf{13}\end{array}$
$\begin{array}{r}10\\+\,12\\\hline \mathbf{22}\end{array}$
$\begin{array}{r}2\\+\,5\\\hline \mathbf{7}\end{array}$
$\begin{array}{r}10\\+\,4\\\hline \mathbf{14}\end{array}$
$\begin{array}{r}9\\+\,6\\\hline \mathbf{15}\end{array}$

ANSWER KEY

Basic Addition

4 + 4 **8**	6 + 4 **10**	10 + 7 **17**	9 + 8 **17**	10 + 6 **16**
6 + 0 **6**	8 + 4 **12**	6 + 1 **7**	7 + 7 **14**	7 + 4 **11**
5 + 7 **12**	4 + 2 **6**	4 + 3 **7**	9 + 7 **16**	4 + 1 **5**
10 + 2 **12**	6 + 10 **16**	6 + 8 **14**	8 + 7 **15**	4 + 10 **14**
10 + 8 **18**	4 + 8 **12**	9 + 1 **10**	9 + 10 **19**	8 + 3 **11**

ANSWER KEY

Basic Addition

11	3	10	8	6
+ 10	+ 10	+ 3	+ 8	+ 3
21	**13**	**13**	**16**	**9**

11	5	8	3	7
+ 5	+ 8	+ 2	+ 2	+ 4
16	**13**	**10**	**5**	**11**

7	2	6	6	5
+ 8	+ 3	+ 4	+ 8	+ 10
15	**5**	**10**	**14**	**15**

2	2	3	8	10
+ 7	+ 10	+ 9	+ 9	+ 10
9	**12**	**12**	**17**	**20**

2	3	2	11	5
+ 11	+ 3	+ 6	+ 3	+ 3
13	**6**	**8**	**14**	**8**

ANSWER KEY

Basic Addition

1 + 8 **9**	7 + 10 **17**	5 + 9 **14**	1 + 5 **6**	1 + 9 **10**
4 + 3 **7**	2 + 10 **12**	5 + 8 **13**	5 + 6 **11**	3 + 6 **9**
2 + 3 **5**	4 + 9 **13**	6 + 10 **16**	6 + 7 **13**	0 + 6 **6**
5 + 7 **12**	7 + 3 **10**	4 + 2 **6**	7 + 5 **12**	7 + 6 **13**
3 + 5 **8**	2 + 4 **6**	7 + 2 **9**	0 + 7 **7**	6 + 6 **12**

ANSWER KEY

Basic Addition

4 + 10 **14**	8 + 7 **15**	9 + 11 **20**	4 + 5 **9**	6 + 12 **18**
2 + 12 **14**	8 + 11 **19**	5 + 9 **14**	8 + 10 **18**	7 + 5 **12**
9 + 3 **12**	8 + 4 **12**	3 + 4 **7**	8 + 12 **20**	5 + 8 **13**
1 + 12 **13**	8 + 5 **13**	1 + 3 **4**	7 + 11 **18**	0 + 8 **8**
9 + 6 **15**	1 + 9 **10**	1 + 10 **11**	4 + 12 **16**	2 + 5 **7**

ANSWER KEY

Basic Addition

11 + 2 = **13**	7 + 2 = **9**	6 + 5 = **11**	6 + 1 = **7**	9 + 3 = **12**
9 + 4 = **13**	9 + 7 = **16**	8 + 8 = **16**	5 + 3 = **8**	12 + 8 = **20**
12 + 6 = **18**	7 + 5 = **12**	5 + 4 = **9**	9 + 8 = **17**	11 + 1 = **12**
9 + 5 = **14**	9 + 1 = **10**	8 + 6 = **14**	9 + 2 = **11**	11 + 4 = **15**
11 + 5 = **16**	12 + 0 = **12**	6 + 2 = **8**	5 + 5 = **10**	8 + 2 = **10**

ANSWER KEY

Basic Addition

```
   5        8        5        7        4
 + 8     + 10     + 12     + 12     + 11
 ---     ----     ----     ----     ----
  13       18       17       19       15

   8        2        7        2        2
 + 5      + 8      + 7     + 10      + 9
 ---     ----     ----     ----     ----
  13       10       14       12       11

   4        7        6        2        3
 + 9      + 3      + 5      + 3     + 10
 ---     ----     ----     ----     ----
  13       10       11        5       13

   8        7        5        8        2
 + 6      + 8     + 11      + 8      + 5
 ---     ----     ----     ----     ----
  14       15       16       16        7

   7        3        6        4        4
 + 9      + 5      + 3      + 4     + 10
 ---     ----     ----     ----     ----
  16        8        9        8       14
```

ANSWER KEY

Basic Addition

$$\begin{array}{r}4\\+\ 8\\\hline 12\end{array} \qquad \begin{array}{r}5\\+\ 6\\\hline 11\end{array} \qquad \begin{array}{r}9\\+\ 9\\\hline 18\end{array} \qquad \begin{array}{r}10\\+\ 4\\\hline 14\end{array} \qquad \begin{array}{r}10\\+\ 5\\\hline 15\end{array}$$

$$\begin{array}{r}8\\+\ 9\\\hline 17\end{array} \qquad \begin{array}{r}7\\+\ 3\\\hline 10\end{array} \qquad \begin{array}{r}11\\+\ 8\\\hline 19\end{array} \qquad \begin{array}{r}9\\+\ 3\\\hline 12\end{array} \qquad \begin{array}{r}3\\+\ 8\\\hline 11\end{array}$$

$$\begin{array}{r}4\\+\ 5\\\hline 9\end{array} \qquad \begin{array}{r}3\\+\ 4\\\hline 7\end{array} \qquad \begin{array}{r}9\\+\ 2\\\hline 11\end{array} \qquad \begin{array}{r}4\\+\ 9\\\hline 13\end{array} \qquad \begin{array}{r}6\\+\ 4\\\hline 10\end{array}$$

$$\begin{array}{r}6\\+\ 9\\\hline 15\end{array} \qquad \begin{array}{r}6\\+\ 6\\\hline 12\end{array} \qquad \begin{array}{r}4\\+\ 2\\\hline 6\end{array} \qquad \begin{array}{r}10\\+\ 8\\\hline 18\end{array} \qquad \begin{array}{r}7\\+\ 6\\\hline 13\end{array}$$

$$\begin{array}{r}9\\+\ 7\\\hline 16\end{array} \qquad \begin{array}{r}8\\+\ 7\\\hline 15\end{array} \qquad \begin{array}{r}8\\+\ 3\\\hline 11\end{array} \qquad \begin{array}{r}3\\+\ 2\\\hline 5\end{array} \qquad \begin{array}{r}9\\+\ 5\\\hline 14\end{array}$$

ANSWER KEY

Basic Addition

$$\begin{array}{r}8\\+\ 5\\\hline \mathbf{13}\end{array} \qquad \begin{array}{r}4\\+\ 0\\\hline \mathbf{4}\end{array} \qquad \begin{array}{r}9\\+\ 1\\\hline \mathbf{10}\end{array} \qquad \begin{array}{r}5\\+\ 5\\\hline \mathbf{10}\end{array} \qquad \begin{array}{r}8\\+\ 7\\\hline \mathbf{15}\end{array}$$

$$\begin{array}{r}9\\+\ 10\\\hline \mathbf{19}\end{array} \qquad \begin{array}{r}10\\+\ 10\\\hline \mathbf{20}\end{array} \qquad \begin{array}{r}5\\+\ 0\\\hline \mathbf{5}\end{array} \qquad \begin{array}{r}8\\+\ 8\\\hline \mathbf{16}\end{array} \qquad \begin{array}{r}10\\+\ 6\\\hline \mathbf{16}\end{array}$$

$$\begin{array}{r}4\\+\ 1\\\hline \mathbf{5}\end{array} \qquad \begin{array}{r}5\\+\ 2\\\hline \mathbf{7}\end{array} \qquad \begin{array}{r}9\\+\ 9\\\hline \mathbf{18}\end{array} \qquad \begin{array}{r}7\\+\ 6\\\hline \mathbf{13}\end{array} \qquad \begin{array}{r}7\\+\ 7\\\hline \mathbf{14}\end{array}$$

$$\begin{array}{r}4\\+\ 4\\\hline \mathbf{8}\end{array} \qquad \begin{array}{r}8\\+\ 10\\\hline \mathbf{18}\end{array} \qquad \begin{array}{r}4\\+\ 10\\\hline \mathbf{14}\end{array} \qquad \begin{array}{r}9\\+\ 8\\\hline \mathbf{17}\end{array} \qquad \begin{array}{r}8\\+\ 4\\\hline \mathbf{12}\end{array}$$

$$\begin{array}{r}6\\+\ 2\\\hline \mathbf{8}\end{array} \qquad \begin{array}{r}4\\+\ 5\\\hline \mathbf{9}\end{array} \qquad \begin{array}{r}10\\+\ 2\\\hline \mathbf{12}\end{array} \qquad \begin{array}{r}9\\+\ 2\\\hline \mathbf{11}\end{array} \qquad \begin{array}{r}5\\+\ 8\\\hline \mathbf{13}\end{array}$$

ANSWER KEY

Basic Addition

```
   3        9        3        4        5
 + 1      + 3      + 6      + 4      + 4
 ---      ---      ---      ---      ---
   4       12        9        8        9

   5        9        3        5        3
 + 1      + 1      + 5      + 7      + 4
 ---      ---      ---      ---      ---
   6       10        8       12        7

   9        8        2        3        4
 + 8      + 8      + 7      + 7      + 8
 ---      ---      ---      ---      ---
  17       16        9       10       12

  10        2        9        7        8
 + 4      + 1      + 7      + 3      + 6
 ---      ---      ---      ---      ---
  14        3       16       10       14

   8        4        2       10        7
 + 7      + 7      + 2      + 8      + 6
 ---      ---      ---      ---      ---
  15       11        4       18       13
```

ANSWER KEY

Basic Addition

```
   3        8        4        4        2
 + 6      +12      +10      + 5      +12
  ─        ─        ─        ─        ─
   9       20       14        9       14


   6        7        8        2        3
 + 4      + 6      +10      +10      + 5
  ─        ─        ─        ─        ─
  10       13       18       12        8


   3        2        4        7        2
 + 4      + 8      + 9      +10      +11
  ─        ─        ─        ─        ─
   7       10       13       17       13


   6        7        2        6        5
 +11      +12      + 6      + 7      +12
  ─        ─        ─        ─        ─
  17       19        8       13       17


   6        7        4        3        5
 + 8      + 4      +11      + 8      + 4
  ─        ─        ─        ─        ─
  14       11       15       11        9
```

ANSWER KEY

Basic Addition

```
   9        12         7         4         3
 + 2      + 12       + 4      + 12       + 5
  11        24        11        16         8

  12         9         9        10         3
 + 3       + 8      + 11      + 12       + 9
  15        17        20        22        12

   6        12         5         2         3
 + 9       + 9       + 4       + 8       + 3
  15        21         9        10         6

   8         5        10         6         9
 +10       + 6       + 6      + 10       + 7
  18        11        16        16        16

  11         9        12         2        10
 + 6      + 12       + 2      + 12       + 2
  17        21        14        14        12
```

ANSWER KEY

Basic Addition

7 + 11 = **18**	2 + 6 = **8**	4 + 9 = **13**	4 + 0 = **4**	1 + 5 = **6**
5 + 0 = **5**	5 + 6 = **11**	4 + 10 = **14**	10 + 11 = **21**	0 + 4 = **4**
6 + 11 = **17**	10 + 4 = **14**	6 + 8 = **14**	5 + 4 = **9**	9 + 1 = **10**
7 + 3 = **10**	3 + 8 = **11**	0 + 11 = **11**	7 + 12 = **19**	0 + 5 = **5**
7 + 5 = **12**	9 + 4 = **13**	1 + 12 = **13**	10 + 0 = **10**	9 + 0 = **9**

ANSWER KEY

Basic Addition

$$\begin{array}{r}12\\+\ 2\\\hline \mathbf{14}\end{array}\qquad\begin{array}{r}10\\+\ 12\\\hline \mathbf{22}\end{array}\qquad\begin{array}{r}10\\+\ 5\\\hline \mathbf{15}\end{array}\qquad\begin{array}{r}5\\+\ 7\\\hline \mathbf{12}\end{array}\qquad\begin{array}{r}4\\+\ 4\\\hline \mathbf{8}\end{array}$$

$$\begin{array}{r}5\\+\ 3\\\hline \mathbf{8}\end{array}\qquad\begin{array}{r}11\\+\ 4\\\hline \mathbf{15}\end{array}\qquad\begin{array}{r}3\\+\ 3\\\hline \mathbf{6}\end{array}\qquad\begin{array}{r}5\\+\ 5\\\hline \mathbf{10}\end{array}\qquad\begin{array}{r}9\\+\ 5\\\hline \mathbf{14}\end{array}$$

$$\begin{array}{r}12\\+\ 12\\\hline \mathbf{24}\end{array}\qquad\begin{array}{r}9\\+\ 11\\\hline \mathbf{20}\end{array}\qquad\begin{array}{r}10\\+\ 4\\\hline \mathbf{14}\end{array}\qquad\begin{array}{r}5\\+\ 6\\\hline \mathbf{11}\end{array}\qquad\begin{array}{r}7\\+\ 2\\\hline \mathbf{9}\end{array}$$

$$\begin{array}{r}12\\+\ 3\\\hline \mathbf{15}\end{array}\qquad\begin{array}{r}9\\+\ 4\\\hline \mathbf{13}\end{array}\qquad\begin{array}{r}5\\+\ 4\\\hline \mathbf{9}\end{array}\qquad\begin{array}{r}4\\+\ 5\\\hline \mathbf{9}\end{array}\qquad\begin{array}{r}11\\+\ 8\\\hline \mathbf{19}\end{array}$$

$$\begin{array}{r}10\\+\ 10\\\hline \mathbf{20}\end{array}\qquad\begin{array}{r}2\\+\ 3\\\hline \mathbf{5}\end{array}\qquad\begin{array}{r}10\\+\ 8\\\hline \mathbf{18}\end{array}\qquad\begin{array}{r}12\\+\ 9\\\hline \mathbf{21}\end{array}\qquad\begin{array}{r}2\\+\ 7\\\hline \mathbf{9}\end{array}$$

ANSWER KEY

Basic Addition

```
   9        7        5        2         5
 + 3     + 10      + 9      + 4      + 10
  12       17       14        6        15

   3        8        8        4         7
 + 3      + 3      + 9      + 8       + 4
   6       11       17       12        11

  10        5       10        7        10
 + 4      + 5      + 7      + 2       + 9
  14       10       17        9        19

   7       10        6        3         6
 + 3      + 3      + 6      + 6       + 5
  10       13       12        9        11

   6        2        3        4         3
+ 10      + 3      + 4      + 9       + 5
  16        5        7       13         8
```

ANSWER KEY

Basic Addition

$\begin{array}{r}9\\+\ 5\\\hline \mathbf{14}\end{array}$
$\begin{array}{r}3\\+\ 10\\\hline \mathbf{13}\end{array}$
$\begin{array}{r}7\\+\ 6\\\hline \mathbf{13}\end{array}$
$\begin{array}{r}1\\+\ 3\\\hline \mathbf{4}\end{array}$
$\begin{array}{r}7\\+\ 2\\\hline \mathbf{9}\end{array}$

$\begin{array}{r}10\\+\ 6\\\hline \mathbf{16}\end{array}$
$\begin{array}{r}5\\+\ 4\\\hline \mathbf{9}\end{array}$
$\begin{array}{r}7\\+\ 4\\\hline \mathbf{11}\end{array}$
$\begin{array}{r}6\\+\ 4\\\hline \mathbf{10}\end{array}$
$\begin{array}{r}2\\+\ 10\\\hline \mathbf{12}\end{array}$

$\begin{array}{r}3\\+\ 5\\\hline \mathbf{8}\end{array}$
$\begin{array}{r}1\\+\ 7\\\hline \mathbf{8}\end{array}$
$\begin{array}{r}5\\+\ 9\\\hline \mathbf{14}\end{array}$
$\begin{array}{r}7\\+\ 5\\\hline \mathbf{12}\end{array}$
$\begin{array}{r}9\\+\ 8\\\hline \mathbf{17}\end{array}$

$\begin{array}{r}4\\+\ 9\\\hline \mathbf{13}\end{array}$
$\begin{array}{r}2\\+\ 1\\\hline \mathbf{3}\end{array}$
$\begin{array}{r}1\\+\ 11\\\hline \mathbf{12}\end{array}$
$\begin{array}{r}5\\+\ 1\\\hline \mathbf{6}\end{array}$
$\begin{array}{r}8\\+\ 8\\\hline \mathbf{16}\end{array}$

$\begin{array}{r}4\\+\ 11\\\hline \mathbf{15}\end{array}$
$\begin{array}{r}10\\+\ 9\\\hline \mathbf{19}\end{array}$
$\begin{array}{r}10\\+\ 7\\\hline \mathbf{17}\end{array}$
$\begin{array}{r}3\\+\ 11\\\hline \mathbf{14}\end{array}$
$\begin{array}{r}8\\+\ 11\\\hline \mathbf{19}\end{array}$

ANSWER KEY

Basic Addition

$\begin{array}{r}7\\+\ 5\\\hline \mathbf{12}\end{array}$
$\begin{array}{r}9\\+\ 11\\\hline \mathbf{20}\end{array}$
$\begin{array}{r}6\\+\ 8\\\hline \mathbf{14}\end{array}$
$\begin{array}{r}5\\+\ 7\\\hline \mathbf{12}\end{array}$
$\begin{array}{r}4\\+\ 3\\\hline \mathbf{7}\end{array}$

$\begin{array}{r}5\\+\ 9\\\hline \mathbf{14}\end{array}$
$\begin{array}{r}8\\+\ 12\\\hline \mathbf{20}\end{array}$
$\begin{array}{r}11\\+\ 11\\\hline \mathbf{22}\end{array}$
$\begin{array}{r}2\\+\ 2\\\hline \mathbf{4}\end{array}$
$\begin{array}{r}2\\+\ 10\\\hline \mathbf{12}\end{array}$

$\begin{array}{r}12\\+\ 4\\\hline \mathbf{16}\end{array}$
$\begin{array}{r}3\\+\ 4\\\hline \mathbf{7}\end{array}$
$\begin{array}{r}8\\+\ 5\\\hline \mathbf{13}\end{array}$
$\begin{array}{r}12\\+\ 5\\\hline \mathbf{17}\end{array}$
$\begin{array}{r}5\\+\ 11\\\hline \mathbf{16}\end{array}$

$\begin{array}{r}3\\+\ 6\\\hline \mathbf{9}\end{array}$
$\begin{array}{r}10\\+\ 6\\\hline \mathbf{16}\end{array}$
$\begin{array}{r}2\\+\ 6\\\hline \mathbf{8}\end{array}$
$\begin{array}{r}7\\+\ 8\\\hline \mathbf{15}\end{array}$
$\begin{array}{r}4\\+\ 10\\\hline \mathbf{14}\end{array}$

$\begin{array}{r}11\\+\ 9\\\hline \mathbf{20}\end{array}$
$\begin{array}{r}9\\+\ 12\\\hline \mathbf{21}\end{array}$
$\begin{array}{r}6\\+\ 10\\\hline \mathbf{16}\end{array}$
$\begin{array}{r}8\\+\ 8\\\hline \mathbf{16}\end{array}$
$\begin{array}{r}8\\+\ 9\\\hline \mathbf{17}\end{array}$

ANSWER KEY

Basic Addition

$\begin{array}{r}9\\+\ 9\\\hline \mathbf{18}\end{array}$ $\quad$ $\begin{array}{r}11\\+\ 3\\\hline \mathbf{14}\end{array}$ $\quad$ $\begin{array}{r}3\\+\ 6\\\hline \mathbf{9}\end{array}$ $\quad$ $\begin{array}{r}2\\+\ 5\\\hline \mathbf{7}\end{array}$ $\quad$ $\begin{array}{r}12\\+\ 9\\\hline \mathbf{21}\end{array}$

$\begin{array}{r}12\\+\ 2\\\hline \mathbf{14}\end{array}$ $\quad$ $\begin{array}{r}8\\+\ 8\\\hline \mathbf{16}\end{array}$ $\quad$ $\begin{array}{r}12\\+\ 7\\\hline \mathbf{19}\end{array}$ $\quad$ $\begin{array}{r}8\\+\ 5\\\hline \mathbf{13}\end{array}$ $\quad$ $\begin{array}{r}8\\+\ 2\\\hline \mathbf{10}\end{array}$

$\begin{array}{r}5\\+\ 7\\\hline \mathbf{12}\end{array}$ $\quad$ $\begin{array}{r}8\\+\ 9\\\hline \mathbf{17}\end{array}$ $\quad$ $\begin{array}{r}5\\+\ 2\\\hline \mathbf{7}\end{array}$ $\quad$ $\begin{array}{r}12\\+\ 10\\\hline \mathbf{22}\end{array}$ $\quad$ $\begin{array}{r}11\\+\ 8\\\hline \mathbf{19}\end{array}$

$\begin{array}{r}4\\+\ 9\\\hline \mathbf{13}\end{array}$ $\quad$ $\begin{array}{r}2\\+\ 8\\\hline \mathbf{10}\end{array}$ $\quad$ $\begin{array}{r}10\\+\ 8\\\hline \mathbf{18}\end{array}$ $\quad$ $\begin{array}{r}10\\+\ 5\\\hline \mathbf{15}\end{array}$ $\quad$ $\begin{array}{r}10\\+\ 9\\\hline \mathbf{19}\end{array}$

$\begin{array}{r}12\\+\ 4\\\hline \mathbf{16}\end{array}$ $\quad$ $\begin{array}{r}11\\+\ 4\\\hline \mathbf{15}\end{array}$ $\quad$ $\begin{array}{r}9\\+\ 2\\\hline \mathbf{11}\end{array}$ $\quad$ $\begin{array}{r}7\\+\ 7\\\hline \mathbf{14}\end{array}$ $\quad$ $\begin{array}{r}10\\+\ 10\\\hline \mathbf{20}\end{array}$

ANSWER KEY

Basic Addition

11	6	6	4	4
+ 8	+ 12	+ 2	+ 2	+ 7
19	**18**	**8**	**6**	**11**

7	8	10	4	9
+ 9	+ 11	+ 2	+ 9	+ 12
16	**19**	**12**	**13**	**21**

8	9	10	7	10
+ 3	+ 7	+ 10	+ 7	+ 6
11	**16**	**20**	**14**	**16**

3	11	5	10	5
+ 6	+ 12	+ 10	+ 12	+ 5
9	**23**	**15**	**22**	**10**

3	8	11	9	9
+ 9	+ 1	+ 10	+ 11	+ 9
12	**9**	**21**	**20**	**18**

ANSWER KEY

Basic Addition

7	3	9	3	9
+ 5	+ 11	+ 7	+ 10	+ 9
12	**14**	**16**	**13**	**18**

9	2	6	5	6
+ 11	+ 4	+ 7	+ 6	+ 4
20	**6**	**13**	**11**	**10**

4	3	8	7	2
+ 3	+ 4	+ 10	+ 9	+ 2
7	**7**	**18**	**16**	**4**

1	5	4	4	5
+ 4	+ 10	+ 12	+ 2	+ 8
5	**15**	**16**	**6**	**13**

6	5	3	5	9
+ 9	+ 7	+ 6	+ 3	+ 8
15	**12**	**9**	**8**	**17**

ANSWER KEY

Basic Addition

8 + 11 **19**	2 + 11 **13**	6 + 9 **15**	9 + 10 **19**	7 + 4 **11**
3 + 8 **11**	9 + 6 **15**	9 + 7 **16**	8 + 10 **18**	6 + 8 **14**
5 + 6 **11**	7 + 3 **10**	6 + 6 **12**	6 + 10 **16**	2 + 5 **7**
2 + 8 **10**	2 + 7 **9**	4 + 9 **13**	9 + 5 **14**	8 + 5 **13**
5 + 4 **9**	7 + 5 **12**	5 + 9 **14**	5 + 8 **13**	9 + 9 **18**

ANSWER KEY

Basic Addition

$\begin{array}{r}12\\+\ 8\\\hline \mathbf{20}\end{array}$ $\begin{array}{r}6\\+\ 8\\\hline \mathbf{14}\end{array}$ $\begin{array}{r}12\\+\ 6\\\hline \mathbf{18}\end{array}$ $\begin{array}{r}9\\+\ 10\\\hline \mathbf{19}\end{array}$ $\begin{array}{r}4\\+\ 2\\\hline \mathbf{6}\end{array}$

$\begin{array}{r}12\\+\ 7\\\hline \mathbf{19}\end{array}$ $\begin{array}{r}10\\+\ 7\\\hline \mathbf{17}\end{array}$ $\begin{array}{r}6\\+\ 5\\\hline \mathbf{11}\end{array}$ $\begin{array}{r}6\\+\ 3\\\hline \mathbf{9}\end{array}$ $\begin{array}{r}10\\+\ 1\\\hline \mathbf{11}\end{array}$

$\begin{array}{r}5\\+\ 8\\\hline \mathbf{13}\end{array}$ $\begin{array}{r}9\\+\ 7\\\hline \mathbf{16}\end{array}$ $\begin{array}{r}4\\+\ 6\\\hline \mathbf{10}\end{array}$ $\begin{array}{r}5\\+\ 5\\\hline \mathbf{10}\end{array}$ $\begin{array}{r}7\\+\ 7\\\hline \mathbf{14}\end{array}$

$\begin{array}{r}11\\+\ 11\\\hline \mathbf{22}\end{array}$ $\begin{array}{r}4\\+\ 5\\\hline \mathbf{9}\end{array}$ $\begin{array}{r}12\\+\ 9\\\hline \mathbf{21}\end{array}$ $\begin{array}{r}10\\+\ 9\\\hline \mathbf{19}\end{array}$ $\begin{array}{r}12\\+\ 5\\\hline \mathbf{17}\end{array}$

$\begin{array}{r}3\\+\ 7\\\hline \mathbf{10}\end{array}$ $\begin{array}{r}9\\+\ 2\\\hline \mathbf{11}\end{array}$ $\begin{array}{r}5\\+\ 10\\\hline \mathbf{15}\end{array}$ $\begin{array}{r}5\\+\ 1\\\hline \mathbf{6}\end{array}$ $\begin{array}{r}11\\+\ 9\\\hline \mathbf{20}\end{array}$

ANSWER KEY

Basic Addition

```
  5        8        8        5        7
+ 6      + 3      + 5      + 8      + 8
----     ----     ----     ----     ----
 11       11       13       13       15

  6        7        6        7        7
+ 7      + 2      + 4      + 9      + 6
----     ----     ----     ----     ----
 13        9       10       16       13

  5        9        6        8        9
+ 9      + 7      + 5      + 8      + 4
----     ----     ----     ----     ----
 14       16       11       16       13

  6        7        6        9        9
+ 9      + 3      + 8      + 3      + 6
----     ----     ----     ----     ----
 15       10       14       12       15

  8        8        6        7        5
+ 7      + 9      + 6      + 5      + 2
----     ----     ----     ----     ----
 15       17       12       12        7
```

ANSWER KEY

Basic Addition

$$\begin{array}{r}8\\+\ 2\\\hline 10\end{array}\qquad\begin{array}{r}7\\+\ 12\\\hline 19\end{array}\qquad\begin{array}{r}12\\+\ 6\\\hline 18\end{array}\qquad\begin{array}{r}7\\+\ 2\\\hline 9\end{array}\qquad\begin{array}{r}5\\+\ 3\\\hline 8\end{array}$$

$$\begin{array}{r}11\\+\ 11\\\hline 22\end{array}\qquad\begin{array}{r}12\\+\ 2\\\hline 14\end{array}\qquad\begin{array}{r}7\\+\ 5\\\hline 12\end{array}\qquad\begin{array}{r}9\\+\ 3\\\hline 12\end{array}\qquad\begin{array}{r}9\\+\ 8\\\hline 17\end{array}$$

$$\begin{array}{r}11\\+\ 2\\\hline 13\end{array}\qquad\begin{array}{r}6\\+\ 6\\\hline 12\end{array}\qquad\begin{array}{r}7\\+\ 11\\\hline 18\end{array}\qquad\begin{array}{r}11\\+\ 5\\\hline 16\end{array}\qquad\begin{array}{r}11\\+\ 7\\\hline 18\end{array}$$

$$\begin{array}{r}7\\+\ 10\\\hline 17\end{array}\qquad\begin{array}{r}6\\+\ 5\\\hline 11\end{array}\qquad\begin{array}{r}9\\+\ 10\\\hline 19\end{array}\qquad\begin{array}{r}7\\+\ 7\\\hline 14\end{array}\qquad\begin{array}{r}9\\+\ 6\\\hline 15\end{array}$$

$$\begin{array}{r}11\\+\ 12\\\hline 23\end{array}\qquad\begin{array}{r}9\\+\ 7\\\hline 16\end{array}\qquad\begin{array}{r}6\\+\ 12\\\hline 18\end{array}\qquad\begin{array}{r}12\\+\ 5\\\hline 17\end{array}\qquad\begin{array}{r}6\\+\ 2\\\hline 8\end{array}$$

ANSWER KEY

Basic Addition

```
  11        10         6        12        12
+  5      + 10       + 12      +  2      + 10
  16        20         18        14        22

  11         4         7        10        11
+ 10       + 7       + 4       + 7       + 8
  21        11         11        17        19

   9         2         6         9         9
+ 10       + 5       + 7       + 5       + 9
  19         7         13        14        18

  10        10         4         2         8
+  3       + 9       + 5       + 4       + 6
  13        19          9         6        14

  11         5         3         6         3
+ 11       + 2       + 11      + 6       + 10
  22         7         14        12        13
```

ANSWER KEY

Basic Addition

$\begin{array}{r}7\\+\ 7\\\hline \mathbf{14}\end{array}$
$\quad$
$\begin{array}{r}9\\+\ 8\\\hline \mathbf{17}\end{array}$
$\quad$
$\begin{array}{r}8\\+\ 10\\\hline \mathbf{18}\end{array}$
$\quad$
$\begin{array}{r}6\\+\ 6\\\hline \mathbf{12}\end{array}$
$\quad$
$\begin{array}{r}10\\+\ 5\\\hline \mathbf{15}\end{array}$

$\begin{array}{r}6\\+\ 8\\\hline \mathbf{14}\end{array}$
$\quad$
$\begin{array}{r}9\\+\ 6\\\hline \mathbf{15}\end{array}$
$\quad$
$\begin{array}{r}5\\+\ 8\\\hline \mathbf{13}\end{array}$
$\quad$
$\begin{array}{r}5\\+\ 9\\\hline \mathbf{14}\end{array}$
$\quad$
$\begin{array}{r}6\\+\ 9\\\hline \mathbf{15}\end{array}$

$\begin{array}{r}7\\+\ 10\\\hline \mathbf{17}\end{array}$
$\quad$
$\begin{array}{r}5\\+\ 7\\\hline \mathbf{12}\end{array}$
$\quad$
$\begin{array}{r}10\\+\ 10\\\hline \mathbf{20}\end{array}$
$\quad$
$\begin{array}{r}7\\+\ 8\\\hline \mathbf{15}\end{array}$
$\quad$
$\begin{array}{r}9\\+\ 7\\\hline \mathbf{16}\end{array}$

$\begin{array}{r}9\\+\ 10\\\hline \mathbf{19}\end{array}$
$\quad$
$\begin{array}{r}8\\+\ 7\\\hline \mathbf{15}\end{array}$
$\quad$
$\begin{array}{r}9\\+\ 5\\\hline \mathbf{14}\end{array}$
$\quad$
$\begin{array}{r}5\\+\ 5\\\hline \mathbf{10}\end{array}$
$\quad$
$\begin{array}{r}8\\+\ 5\\\hline \mathbf{13}\end{array}$

$\begin{array}{r}10\\+\ 6\\\hline \mathbf{16}\end{array}$
$\quad$
$\begin{array}{r}5\\+\ 10\\\hline \mathbf{15}\end{array}$
$\quad$
$\begin{array}{r}8\\+\ 8\\\hline \mathbf{16}\end{array}$
$\quad$
$\begin{array}{r}10\\+\ 9\\\hline \mathbf{19}\end{array}$
$\quad$
$\begin{array}{r}8\\+\ 6\\\hline \mathbf{14}\end{array}$

ANSWER KEY

Basic Addition

$\begin{array}{r}12\\+7\\\hline\mathbf{19}\end{array}$ $\quad$ $\begin{array}{r}5\\+10\\\hline\mathbf{15}\end{array}$ $\quad$ $\begin{array}{r}12\\+5\\\hline\mathbf{17}\end{array}$ $\quad$ $\begin{array}{r}3\\+10\\\hline\mathbf{13}\end{array}$ $\quad$ $\begin{array}{r}12\\+6\\\hline\mathbf{18}\end{array}$

$\begin{array}{r}6\\+4\\\hline\mathbf{10}\end{array}$ $\quad$ $\begin{array}{r}11\\+6\\\hline\mathbf{17}\end{array}$ $\quad$ $\begin{array}{r}12\\+10\\\hline\mathbf{22}\end{array}$ $\quad$ $\begin{array}{r}1\\+6\\\hline\mathbf{7}\end{array}$ $\quad$ $\begin{array}{r}11\\+8\\\hline\mathbf{19}\end{array}$

$\begin{array}{r}4\\+6\\\hline\mathbf{10}\end{array}$ $\quad$ $\begin{array}{r}6\\+9\\\hline\mathbf{15}\end{array}$ $\quad$ $\begin{array}{r}9\\+3\\\hline\mathbf{12}\end{array}$ $\quad$ $\begin{array}{r}7\\+9\\\hline\mathbf{16}\end{array}$ $\quad$ $\begin{array}{r}9\\+4\\\hline\mathbf{13}\end{array}$

$\begin{array}{r}8\\+10\\\hline\mathbf{18}\end{array}$ $\quad$ $\begin{array}{r}3\\+9\\\hline\mathbf{12}\end{array}$ $\quad$ $\begin{array}{r}5\\+3\\\hline\mathbf{8}\end{array}$ $\quad$ $\begin{array}{r}11\\+7\\\hline\mathbf{18}\end{array}$ $\quad$ $\begin{array}{r}10\\+7\\\hline\mathbf{17}\end{array}$

$\begin{array}{r}2\\+3\\\hline\mathbf{5}\end{array}$ $\quad$ $\begin{array}{r}3\\+5\\\hline\mathbf{8}\end{array}$ $\quad$ $\begin{array}{r}2\\+4\\\hline\mathbf{6}\end{array}$ $\quad$ $\begin{array}{r}12\\+4\\\hline\mathbf{16}\end{array}$ $\quad$ $\begin{array}{r}11\\+9\\\hline\mathbf{20}\end{array}$

ANSWER KEY

Basic Addition

$$\begin{array}{r}6\\+\ 6\\\hline 12\end{array}\qquad\begin{array}{r}6\\+\ 7\\\hline 13\end{array}\qquad\begin{array}{r}5\\+\ 5\\\hline 10\end{array}\qquad\begin{array}{r}3\\+\ 4\\\hline 7\end{array}\qquad\begin{array}{r}2\\+\ 3\\\hline 5\end{array}$$

$$\begin{array}{r}6\\+\ 12\\\hline 18\end{array}\qquad\begin{array}{r}3\\+\ 8\\\hline 11\end{array}\qquad\begin{array}{r}5\\+\ 3\\\hline 8\end{array}\qquad\begin{array}{r}4\\+\ 11\\\hline 15\end{array}\qquad\begin{array}{r}3\\+\ 5\\\hline 8\end{array}$$

$$\begin{array}{r}2\\+\ 5\\\hline 7\end{array}\qquad\begin{array}{r}3\\+\ 3\\\hline 6\end{array}\qquad\begin{array}{r}6\\+\ 2\\\hline 8\end{array}\qquad\begin{array}{r}2\\+\ 2\\\hline 4\end{array}\qquad\begin{array}{r}5\\+\ 10\\\hline 15\end{array}$$

$$\begin{array}{r}2\\+\ 12\\\hline 14\end{array}\qquad\begin{array}{r}4\\+\ 12\\\hline 16\end{array}\qquad\begin{array}{r}2\\+\ 8\\\hline 10\end{array}\qquad\begin{array}{r}5\\+\ 11\\\hline 16\end{array}\qquad\begin{array}{r}5\\+\ 9\\\hline 14\end{array}$$

$$\begin{array}{r}3\\+\ 9\\\hline 12\end{array}\qquad\begin{array}{r}4\\+\ 5\\\hline 9\end{array}\qquad\begin{array}{r}4\\+\ 10\\\hline 14\end{array}\qquad\begin{array}{r}5\\+\ 12\\\hline 17\end{array}\qquad\begin{array}{r}6\\+\ 3\\\hline 9\end{array}$$

ANSWER KEY

Basic Addition

11 + 7 **18**	6 + 7 **13**	5 + 1 **6**	9 + 7 **16**	10 + 7 **17**
12 + 5 **17**	6 + 3 **9**	8 + 2 **10**	12 + 1 **13**	10 + 6 **16**
6 + 9 **15**	5 + 8 **13**	9 + 8 **17**	11 + 5 **16**	11 + 6 **17**
8 + 6 **14**	7 + 3 **10**	7 + 9 **16**	5 + 5 **10**	12 + 2 **14**
12 + 4 **16**	10 + 4 **14**	10 + 1 **11**	5 + 2 **7**	9 + 4 **13**

ANSWER KEY

Basic Addition

$\begin{array}{r} 9 \\ +10 \\ \hline \mathbf{19} \end{array}$ $\begin{array}{r} 7 \\ +11 \\ \hline \mathbf{18} \end{array}$ $\begin{array}{r} 4 \\ +4 \\ \hline \mathbf{8} \end{array}$ $\begin{array}{r} 6 \\ +6 \\ \hline \mathbf{12} \end{array}$ $\begin{array}{r} 8 \\ +9 \\ \hline \mathbf{17} \end{array}$

$\begin{array}{r} 7 \\ +2 \\ \hline \mathbf{9} \end{array}$ $\begin{array}{r} 6 \\ +3 \\ \hline \mathbf{9} \end{array}$ $\begin{array}{r} 7 \\ +1 \\ \hline \mathbf{8} \end{array}$ $\begin{array}{r} 4 \\ +2 \\ \hline \mathbf{6} \end{array}$ $\begin{array}{r} 5 \\ +5 \\ \hline \mathbf{10} \end{array}$

$\begin{array}{r} 6 \\ +11 \\ \hline \mathbf{17} \end{array}$ $\begin{array}{r} 4 \\ +3 \\ \hline \mathbf{7} \end{array}$ $\begin{array}{r} 8 \\ +7 \\ \hline \mathbf{15} \end{array}$ $\begin{array}{r} 4 \\ +10 \\ \hline \mathbf{14} \end{array}$ $\begin{array}{r} 9 \\ +12 \\ \hline \mathbf{21} \end{array}$

$\begin{array}{r} 7 \\ +4 \\ \hline \mathbf{11} \end{array}$ $\begin{array}{r} 10 \\ +7 \\ \hline \mathbf{17} \end{array}$ $\begin{array}{r} 9 \\ +8 \\ \hline \mathbf{17} \end{array}$ $\begin{array}{r} 6 \\ +7 \\ \hline \mathbf{13} \end{array}$ $\begin{array}{r} 9 \\ +5 \\ \hline \mathbf{14} \end{array}$

$\begin{array}{r} 7 \\ +7 \\ \hline \mathbf{14} \end{array}$ $\begin{array}{r} 7 \\ +10 \\ \hline \mathbf{17} \end{array}$ $\begin{array}{r} 10 \\ +8 \\ \hline \mathbf{18} \end{array}$ $\begin{array}{r} 9 \\ +1 \\ \hline \mathbf{10} \end{array}$ $\begin{array}{r} 9 \\ +4 \\ \hline \mathbf{13} \end{array}$

ANSWER KEY

Basic Addition

10 + 3 **13**	11 + 10 **21**	12 + 7 **19**	9 + 4 **13**	6 + 5 **11**
9 + 9 **18**	8 + 2 **10**	11 + 8 **19**	6 + 8 **14**	6 + 4 **10**
7 + 8 **15**	9 + 6 **15**	7 + 3 **10**	11 + 2 **13**	9 + 3 **12**
8 + 7 **15**	7 + 6 **13**	8 + 4 **12**	10 + 9 **19**	11 + 4 **15**
9 + 2 **11**	10 + 8 **18**	8 + 3 **11**	8 + 10 **18**	10 + 2 **12**

Basic Addition

$$\begin{array}{r}8\\+\ 9\\\hline \mathbf{17}\end{array} \qquad \begin{array}{r}10\\+\ 3\\\hline \mathbf{13}\end{array} \qquad \begin{array}{r}5\\+\ 3\\\hline \mathbf{8}\end{array} \qquad \begin{array}{r}4\\+\ 3\\\hline \mathbf{7}\end{array} \qquad \begin{array}{r}4\\+\ 4\\\hline \mathbf{8}\end{array}$$

$$\begin{array}{r}10\\+\ 12\\\hline \mathbf{22}\end{array} \qquad \begin{array}{r}5\\+\ 6\\\hline \mathbf{11}\end{array} \qquad \begin{array}{r}9\\+\ 12\\\hline \mathbf{21}\end{array} \qquad \begin{array}{r}5\\+\ 4\\\hline \mathbf{9}\end{array} \qquad \begin{array}{r}4\\+\ 8\\\hline \mathbf{12}\end{array}$$

$$\begin{array}{r}10\\+\ 7\\\hline \mathbf{17}\end{array} \qquad \begin{array}{r}10\\+\ 8\\\hline \mathbf{18}\end{array} \qquad \begin{array}{r}7\\+\ 7\\\hline \mathbf{14}\end{array} \qquad \begin{array}{r}5\\+\ 2\\\hline \mathbf{7}\end{array} \qquad \begin{array}{r}8\\+\ 10\\\hline \mathbf{18}\end{array}$$

$$\begin{array}{r}4\\+\ 5\\\hline \mathbf{9}\end{array} \qquad \begin{array}{r}7\\+\ 8\\\hline \mathbf{15}\end{array} \qquad \begin{array}{r}5\\+\ 7\\\hline \mathbf{12}\end{array} \qquad \begin{array}{r}8\\+\ 4\\\hline \mathbf{12}\end{array} \qquad \begin{array}{r}7\\+\ 10\\\hline \mathbf{17}\end{array}$$

$$\begin{array}{r}5\\+\ 5\\\hline \mathbf{10}\end{array} \qquad \begin{array}{r}7\\+\ 2\\\hline \mathbf{9}\end{array} \qquad \begin{array}{r}8\\+\ 7\\\hline \mathbf{15}\end{array} \qquad \begin{array}{r}6\\+\ 10\\\hline \mathbf{16}\end{array} \qquad \begin{array}{r}9\\+\ 7\\\hline \mathbf{16}\end{array}$$

ANSWER KEY

Basic Addition

| $\begin{array}{r}8\\+\ 6\\\hline \mathbf{14}\end{array}$ | $\begin{array}{r}6\\+\ 6\\\hline \mathbf{12}\end{array}$ | $\begin{array}{r}5\\+\ 9\\\hline \mathbf{14}\end{array}$ | $\begin{array}{r}5\\+\ 10\\\hline \mathbf{15}\end{array}$ | $\begin{array}{r}10\\+\ 6\\\hline \mathbf{16}\end{array}$ |

$\begin{array}{r}7\\+\ 10\\\hline \mathbf{17}\end{array}$ $\begin{array}{r}2\\+\ 7\\\hline \mathbf{9}\end{array}$ $\begin{array}{r}7\\+\ 9\\\hline \mathbf{16}\end{array}$ $\begin{array}{r}2\\+\ 9\\\hline \mathbf{11}\end{array}$ $\begin{array}{r}2\\+\ 8\\\hline \mathbf{10}\end{array}$

$\begin{array}{r}4\\+\ 10\\\hline \mathbf{14}\end{array}$ $\begin{array}{r}2\\+\ 10\\\hline \mathbf{12}\end{array}$ $\begin{array}{r}6\\+\ 10\\\hline \mathbf{16}\end{array}$ $\begin{array}{r}6\\+\ 5\\\hline \mathbf{11}\end{array}$ $\begin{array}{r}6\\+\ 9\\\hline \mathbf{15}\end{array}$

$\begin{array}{r}5\\+\ 5\\\hline \mathbf{10}\end{array}$ $\begin{array}{r}1\\+\ 7\\\hline \mathbf{8}\end{array}$ $\begin{array}{r}3\\+\ 8\\\hline \mathbf{11}\end{array}$ $\begin{array}{r}8\\+\ 9\\\hline \mathbf{17}\end{array}$ $\begin{array}{r}10\\+\ 10\\\hline \mathbf{20}\end{array}$

$\begin{array}{r}8\\+\ 5\\\hline \mathbf{13}\end{array}$ $\begin{array}{r}10\\+\ 7\\\hline \mathbf{17}\end{array}$ $\begin{array}{r}2\\+\ 6\\\hline \mathbf{8}\end{array}$ $\begin{array}{r}3\\+\ 5\\\hline \mathbf{8}\end{array}$ $\begin{array}{r}1\\+\ 5\\\hline \mathbf{6}\end{array}$

ANSWER KEY

Basic Addition

```
   4        7       10        8        8
+ 10      + 7      + 9      + 7      + 8
  14       14       19       15       16

   4        9        9       12        5
+  8      +12      +11      + 7      +10
  12       21       20       19       15

   6        8       12       11       12
+ 11      +12      + 8      + 8      +11
  17       20       20       19       23

  11        6        7        9       11
+ 10      +10      + 9      + 7      + 9
  21       16       16       16       20

   5        8        9        5       11
+  7      + 9      +10      +11      +11
  12       17       19       16       22
```

ANSWER KEY

Basic Addition

$\begin{array}{r} 4 \\ +10 \\ \hline \mathbf{14} \end{array}$
$\quad$
$\begin{array}{r} 10 \\ +5 \\ \hline \mathbf{15} \end{array}$
$\quad$
$\begin{array}{r} 2 \\ +11 \\ \hline \mathbf{13} \end{array}$
$\quad$
$\begin{array}{r} 10 \\ +11 \\ \hline \mathbf{21} \end{array}$
$\quad$
$\begin{array}{r} 7 \\ +5 \\ \hline \mathbf{12} \end{array}$

$\begin{array}{r} 8 \\ +1 \\ \hline \mathbf{9} \end{array}$
$\quad$
$\begin{array}{r} 12 \\ +6 \\ \hline \mathbf{18} \end{array}$
$\quad$
$\begin{array}{r} 9 \\ +9 \\ \hline \mathbf{18} \end{array}$
$\quad$
$\begin{array}{r} 5 \\ +12 \\ \hline \mathbf{17} \end{array}$
$\quad$
$\begin{array}{r} 4 \\ +9 \\ \hline \mathbf{13} \end{array}$

$\begin{array}{r} 12 \\ +2 \\ \hline \mathbf{14} \end{array}$
$\quad$
$\begin{array}{r} 9 \\ +5 \\ \hline \mathbf{14} \end{array}$
$\quad$
$\begin{array}{r} 2 \\ +9 \\ \hline \mathbf{11} \end{array}$
$\quad$
$\begin{array}{r} 11 \\ +10 \\ \hline \mathbf{21} \end{array}$
$\quad$
$\begin{array}{r} 7 \\ +7 \\ \hline \mathbf{14} \end{array}$

$\begin{array}{r} 1 \\ +9 \\ \hline \mathbf{10} \end{array}$
$\quad$
$\begin{array}{r} 6 \\ +4 \\ \hline \mathbf{10} \end{array}$
$\quad$
$\begin{array}{r} 8 \\ +11 \\ \hline \mathbf{19} \end{array}$
$\quad$
$\begin{array}{r} 9 \\ +4 \\ \hline \mathbf{13} \end{array}$
$\quad$
$\begin{array}{r} 1 \\ +3 \\ \hline \mathbf{4} \end{array}$

$\begin{array}{r} 9 \\ +10 \\ \hline \mathbf{19} \end{array}$
$\quad$
$\begin{array}{r} 9 \\ +2 \\ \hline \mathbf{11} \end{array}$
$\quad$
$\begin{array}{r} 5 \\ +11 \\ \hline \mathbf{16} \end{array}$
$\quad$
$\begin{array}{r} 10 \\ +12 \\ \hline \mathbf{22} \end{array}$
$\quad$
$\begin{array}{r} 3 \\ +8 \\ \hline \mathbf{11} \end{array}$

www.ingramcontent.com/pod-product-compliance
Lightning Source LLC
Chambersburg PA
CBHW062109220526
45471CB00010B/3662